NR-33 - Guia Prático de Análise e Aplicações
Norma Regulamentadora de Segurança em Espaços Confinados

EDITORA AFILIADA

Seja Nosso Parceiro no Combate à Cópia Ilegal

A cópia ilegal é crime. Ao efetuá-la, o infrator estará cometendo um grave erro, que é inibir a produção de obras literárias, prejudicando profissionais que serão atingidos pelo crime praticado.

Junte-se a nós nesta corrente contra a pirataria. Diga não à cópia ilegal.

Seu Cadastro É Muito Importante para Nós

Ao preencher e remeter a ficha de cadastro constante em nosso site, você passará a receber informações sobre nossos lançamentos em sua área de preferência.

Conhecendo melhor nossos leitores e suas preferências, vamos produzir títulos que atendam suas necessidades.

Obrigado pela sua escolha.

Fale Conosco!

Eventuais problemas referentes ao conteúdo deste livro serão encaminhados ao(s) respectivo(s) autor(es) para esclarecimento, excetuando-se as dúvidas que dizem respeito a pacotes de softwares, as quais sugerimos que sejam encaminhadas aos distribuidores e revendedores desses produtos, que estão habilitados a prestar todos os esclarecimentos.

Os problemas só podem ser enviados por:

1. E-mail: producao@erica.com.br

2. Fax: (11) 2097.4060

3. Carta: Rua São Gil, 159 - Tatuapé - CEP 03401-030 - São Paulo - SP

José Eduardo Rodrigues
Rosângela Helena Pereira dos Santos
Benjamim Ferreira de Barros

NR-33 - Guia Prático de Análise e Aplicações
Norma Regulamentadora de Segurança em Espaços Confinados

1ª Edição

Av. das Nações Unidas, 7221, 1º Andar, Setor B
Pinheiros – São Paulo – SP – CEP: 05425-902

SAC 0800-0117875
De 2ª a 6ª, das 8h00 às 18h00
www.editorasaraiva.com.br/contato

Vice-presidente	Claudio Lensing
Gestora do ensino técnico	Alini Dal Magro
Coordenadora editorial	Rosiane Ap. Marinho Botelho
Editora de aquisições	Rosana Ap. Alves dos Santos
Assistente de aquisições	Mônica Gonçalves Dias
Editoras	Márcia da Cruz Nóboa Leme
	Silvia Campos Ferreira
Assistente editorial	Paula Hercy Cardoso Craveiro
	Raquel F. Abranches
	Rodrigo Novaes de Almeida
Editor de arte	Kleber de Messas
Assistente de produção	Fabio Augusto Ramos
	Valmir da Silva Santos
Produção gráfica	Kelly Fraga
Capa	Maurício S. de França
Impressão e acabamento	PSI7 - Printing Solutions & Internet 7

DADOS INTERNACIONAIS DE CATALOGAÇÃO NA PUBLICAÇÃO (CIP)
(CÂMARA BRASILEIRA DO LIVRO, SP, BRASIL)

Rodrigues, José Eduardo
  NR-33 : guia prático de análise e aplicações: norma regulamentadora de segurança em espaços confinados / José Eduardo Rodrigues, Rosângela Helena Pereira dos Santos, Benjamim Ferreira de Barros.
  -- 1. ed. -- São Paulo : Érica, 2012.

  Bibliografia
  ISBN 978-85-365-0417-9

  1. Normas regulamentadoras - Brasil 2. Segurança - Medidas 3. Segurança em espaços confinados 4. Segurança e saúde - Administração 5. Segurança do trabalho I. Barros, Benjamim Ferreira de. II. Santos, Rosângela Helena Pereira dos. III. Título.

12-08812   CDD 363.11

Índices para catálogo sistemático:
1. Brasil : Normas regulamentadoras : Segurança e saúde nos trabalhos em espaços confinados:
Gestão de segurança   363.11

Copyright © 2012 da Editora Érica Ltda.
Todos os direitos reservados.

1ª edição
2ª tiragem: 2017

Os Autores e a Editora acreditam que todas as informações aqui apresentadas estão corretas e podem ser utilizadas para qualquer fim legal. Entretanto, não existe qualquer garantia, explícita ou implícita, de que o uso de tais informações conduzirá sempre ao resultado desejado. Os nomes de sites e empresas, porventura mencionados, foram utilizados apenas para ilustrar os exemplos, não tendo vínculo nenhum com o livro, não garantindo a sua existência nem divulgação.

A Ilustração de capa e algumas imagens de miolo foram retiradas de <www.shutterstock.com>, empresa com a qual se mantém contrato ativo na data de publicação do livro. Outras foram obtidas da Coleção MasterClips/MasterPhotos® da IMSI, 100 Rowland Way, 3rd floor Novato, CA 94945, USA, e do CorelDRAW X6 e X7, Corel Gallery e Corel Corporation Samples. Corel Corporation e seus licenciadores. Todos os direitos reservados.

Todos os esforços foram feitos para creditar devidamente os detentores dos direitos das imagens utilizadas neste livro. Eventuais omissões de crédito e copyright não são intencionais e serão devidamente solucionadas nas próximas edições, bastando que seus proprietários contatem os editores.

Nenhuma parte desta publicação poderá ser reproduzida por qualquer meio ou forma sem a prévia autorização da Saraiva Educação. A violação dos direitos autorais é crime estabelecido na lei nº 9.610/98 e punido pelo artigo 184 do Código Penal.

CL 640355   CAE 572305

Dedicatória

Aos meus pais Frederico Rodrigues Oliver e Antonia Gomes Rodrigues que contribuíram com fundamentos e valores aplicados à minha formação;

À minha esposa Áurea Prates Rodrigues, que muito contribuiu técnica e carinhosamente a fim de que minha ausência para completar este trabalho não afetasse o nosso relacionamento;

À minha irmã Silvana e aos sobrinhos Kauê e Letícia, pois são mais do que uma família; são presentes importantes na vida dos avós e na nossa, aos quais dedico o tempo que não possuo para completar-lhes a felicidade e dar todo o suporte de que precisam.

"Escreve as coisas que tens visto, e as que são, e as que depois destas hão de acontecer."
Apocalipse 1:19

José Eduardo Rodrigues

Ao meu esposo Claudemir Braga dos Santos pelo apoio e compreensão em virtude das horas dispensadas de nosso convívio empregadas neste trabalho;

À minha melhor amiga Telma Sposaro Moraes por incentivar as minhas conquistas e acreditar no meu potencial humano e técnico;

Aos meus pais João Caetano e Maria Inês que me proporcionaram o direito de viver e me ensinaram o valor de cumprir as promessas feitas e realizar um trabalho com sabedoria e dignidade.

"Porque a sabedoria é mais ativa do que todas as coisas ágeis, e atinge tudo pela sua pureza."
Sabedoria 7:24

Rosangela Helena Pereira dos Santos

Aos meus pais Maximiano Ferreira de Barros (*in memoriam*) e Eunice Gomes de Barros (*in memoriam*) que contribuíram para a minha formação;

À minha esposa Lucia Veloso de Barros, aos nossos filhos Leandro Veloso de Barros, Lucyene Veloso de Barros e aos netos Dennis Alexandre, Jennifer, Nicollas, Stephany, Emily e Vitor pelo apoio mesmo durante os momentos de ausência dedicados à elaboração deste livro.

"Todo prudente procede com conhecimento, mas o insensato espraia a sua loucura."
Provérbios 13:16

Benjamim Ferreira de Barros

Agradecimentos

No início deste trabalho, tudo era novo. O fato de escrever e dividir os aprendizados obtidos com colegas em diferentes treinamentos, experiências profissionais e acadêmicas levou-me à sensação de descobrir esse novo mundo!

Desta forma, agradeço à minha esposa Áurea Prates, que entendeu os dias de trabalho empenhados nesta obra, contribuindo com algumas revisões;

Aos meus pais Antonia e Frederico por terem me dado o maior tesouro, a educação;

A um grupo de amigos por incentivar a realização deste sonho, em especial ao Ricardo Luis Gedra;

A Deus por ter me guiado, possibilitando a minha formação, vitória profissional e por ter colocado pessoas especiais em minha vida;

À empresa General Instruments representada pelos senhores José Gonçalves e Antonio Carlos Auresco, ao professor Ricardo Moreno, ao professor Emerson Jeronimo da Silva Moraes pela colaboração técnica para a conclusão desta obra, e aos amigos coautores que demonstraram muita dedicação e paciência.

José Eduardo Rodrigues

Ao professor Benjamim Ferreira de Barros pelo convite de atuar neste trabalho e compartilhar vivências, bem como trocar informações e experiências ligadas ao assunto;

Ao meu esposo Claudemir Braga dos Santos pela dedicação e compreensão da necessidade de desprendimento de tempo de nossas vidas atribuído a este trabalho;

Ao professor Eduardo que disponibilizou o local para reunião e pesquisa, facilitando o trabalho, e à sua esposa, senhora Áurea, que sempre me tratou com grande respeito e carinho;

Aos meus pais João Caetano e Maria Inês pela dedicação e incentivo, garantindo minha evolução profissional e educação ao longo desses anos;

A Deus por ter enviado tanta luz para que pudéssemos adquirir informações necessárias, compartilhando experiências e carisma;

A todos os envolvidos que direta e indiretamente contribuíram para a conclusão desta obra.

Rosangela Helena Pereira dos Santos

A Deus pelas oportunidades colocadas em nosso caminho;

Aos participantes dos treinamentos que ministramos, cujos questionamentos proporcionam a oportunidade de enriquecer e aprimorar nossos conhecimentos;

Às escolas do sistema SENAI que incentivaram a elaboração deste livro;

Ao professor Wagner Magalhães, coordenador técnico do SENAI Jorge Mahfuz, pelo incentivo na elaboração desta obra;

À Irene Bueno pela contribuição de pesquisa;

À Márcia Regina Campolina, da empresa A Cabine Materiais Elétricos, pelo apoio na divulgação deste material;

À Maria Cristina de Oliveira Amaral, agente de treinamento do SENAI Jorge Mahfuz, pelo apoio incondicional.

Benjamim Ferreira de Barros

Nomenclaturas Utilizadas

ABNT - Associação Brasileira de Normas Técnicas

APR - Análise Preliminar de Risco

ARMS - Análise de Risco e Medidas de Segurança

ASO - Atestado de Saúde Ocupacional

ATPV - Arc Thermal Performance Value

ATQ - Autorização para Trabalho a Quente

CA - Certificado de Aprovação

CH$_4$ - Gás Metano

CIPA - Comissão Interna de Prevenção de Acidentes

CLT - Consolidação das Leis do Trabalho

CO - Monóxido de Carbono

COHB - Carboxiemoglobina

CT - Câmara Transformadora

DDS - Diálogo Diário de Segurança

EPC - Equipamento de Proteção Coletiva

EPI - Equipamento de Proteção Individual

FPS - Fator de Proteção Solar

GLP - Gás Liquefeito de Petróleo

H$_2$S - Gás Sulfídrico

IEC - International Electrotechnical Commission

IMC - Índice de Massa Corporal

INMETRO - Instituto Nacional de Metrologia

IPVS - Impróprio para a Vida e a Saúde

LED - Light-Emitting Diode

LIE - Limites Inferiores de Explosividade

LSE - Limite Superior de Explosividade

MPT - Manuais de Procedimentos de Trabalho

MTE - Ministério do Trabalho e Emprego

N$_2$ - Nitrogênio

NBR - Normas Brasileiras

NFPA - National Fire Protection Association

NIOSH - National Institute Occupational Safety and Health

NR - Norma Regulamentadora

OS - Ordem de Serviço

O$_2$ - Oxigênio

ONAF - Óleo Normal/Ar Forçado

ONAN - Óleo Normal/Ar Normal

OSHA - Occupational Safety and Health Administration

PCMSO - Programa de Controle Médico Ocupacional

PET - Permissão de Entrada do Trabalhador ou Permissão de Entrada e Trabalho

PI - Poço de Inspeção

PPM - Parte por Milhão

PPRA - Programa de Prevenção de Riscos Ambientais

PPV - Ventilação Pressurizada Positiva

SESMT - Serviço Especializado em Engenharia de Segurança e em Medicina do Trabalho

TIC - Técnica de Incidentes Críticos

VOCs - Compostos Orgânicos Voláteis

Índice de Figuras

Figura 3.1 - Utilização de câmara e fibra óptica no monitoramento de espaço confinado. 31
Figura 3.2 - Manutenções e inspeções por robôs em tubulação 32
Figura 3.3 - PET (Permissão de Entrada e Trabalho)... 32
Figura 3.4 - Bloqueio de equipamento elétrico 33
Figura 3.5 - Bloqueio hidráulico com múltiplos cadeados... 33
Figura 3.6 - Bloqueio por raqueteamento 33
Figura 3.7 - Bloqueios 33
Figura 3.8 - Medições 34
Figura 3.9 - Sinalizações 34
Figura 3.10 - Motoventilador portátil 35
Figura 3.11 - Ventilação natural... 35
Figura 3.12 - Insuflação mecânica.. 36
Figura 3.13 - Exaustão mecânica em gases mais pesados que o oxigênio.................... 36
Figura 3.14 - Exaustão mecânica em gases mais leves que o oxigênio 37
Figura 3.15 - Insuflação e exaustão mecânica 37
Figura 3.16 - Ventilador axial propulsor 38
Figura 3.17 - Ventilador axial comum 38
Figura 3.18 - Ventilador axial tubo 38
Figura 3.19 - Ventilador centrífugo de pás para trás 38
Figura 3.20 - Ventilador centrífugo de pás radiais 38
Figura 3.21 - Ventilador centrífugo de pás para frente 38
Figura 3.22 - Respirador removedor de partículas 39
Figura 3.23 - Respirador removedor de gases e vapores. 39
Figura 3.24 - Equipamento de proteção respiratória autônomo 39
Figura 3.25 - Fornecedor de ar mandado 40
Figura 3.26 - Equipamento intrinsicamente seguro (não faiscante) 40
Figura 3.27 - Luminária à prova de explosão 41
Figura 3.28 - Detector de gás... 41
Figura 3.29 - Rádios comunicadores.. 42
Figura 3.30 - Intercomunicador (monofone) 42
Figura 3.31 - Apitos e cornetas 43
Figura 3.32 - Escada fixa e corda de linha de vida 43
Figura 3.33 - Escadas móveis 43
Figura 3.34 - Guincho com cadeira suspensa.. 44
Figura 3.35 - Suporte de ombros (trapézio) 44
Figura 3.36 - Cabo de aço não revestido 44
Figura 3.37 - Cabo de aço revestido 44
Figura 3.38 - Tripé... 45
Figura 3.39 - Tripé com guincho 45
Figura 3.40 - Detector de gases para oxigênio, gases tóxicos e inflamáveis 46
Figura 3.41 - Ambiente úmido 50
Figura 3.42 - Representação do tetraedro do fogo 55
Figura 3.43 - Acidentes envolvendo atividades elétricas em ambientes com risco de explosão 56

Figura 3.44 - Representação do limite de explosividade de um combustível 56
Figura 3.45 - Limite Inferior de Explosividade (LIE) 57
Figura 3.46 - Limite Superior de Explosividade (LIE) 57
Figura 3.47 - Trabalho a quente 59
Figura 3.48 - Placa de advertência para espaço confinado 62
Figura 3.49 - Placa de identificação e advertência numerada no piso de um espaço confinado 62
Figura 3.50 - Etiquetas de advertência 63
Figura 3.51 - Preenchimento de formulário de APR 67
Figura 3.52 - Verificação das condições dos trabalhadores 67
Figura 5.1 - Corda "capa e alma" 86
Figura 5.2 - Nó oito simples 86
Figura 5.3 - Nó oito duplo 87
Figura 5.4 - Nó oito com dupla alça 87
Figura 5.5 - Volta de fiel 87
Figura 5.6 - Nó de segurança (cote) 87
Figura 5.7 - Lais de guia 87
Figura 5.8 - Nó prussik 87
Figura 5.9 - Nó direito 88
Figura 5.10 - Nó direito alceado 88
Figura 5.11 - Nó de Arnês 88
Figura 5.12 - Nó carioca 88
Figura 5.13 - Nó de fita 89
Figura 5.14 - Tipos e formatos de mosquetões 90
Figura 5.15 - Descensores 90
Figura 5.16 - Polias simples e duplas 91
Figura 5.17 - Cinturão de segurança do tipo paraquedista 92
Figura 5.18 - Tripé de acesso e resgate com guincho 94
Figura 5.19 - Sistema de tração ou multiplicação de forças 3:1 94
Figura 5.20 - Aparelho de respiração autônomo 95
Figura 5.21 - Detector de gás à prova de explosão 99
Figura 6.1 - Fases da representação geométrica dos elementos do fogo 110
Figura 6.2 - Combustível sólido 111
Figura 6.3 - Combustíveis voláteis 111
Figura 6.4 - Ponto de fulgor 113
Figura 6.5 - Ponto de combustão 113
Figura 6.6 - Ponto de ignição 113
Figura 6.7 - Condução do calor 114
Figura 6.8 - Convecção 114
Figura 6.9 - Irradiação 114
Figura 6.10 - Abafamento 114
Figura 6.11 - Resfriamento 115
Figura 6.12 - Retirada do material ou isolamento 115
Figura 6.13 - Quebra da reação química 115
Figura 6.14 - Combustíveis sólidos 116
Figura 6.15 - Combustíveis líquidos inflamáveis 116

Figura 6.16 - Materiais/equipamentos energizados. 116
Figura 6.17 - Metais pirofóricos 117
Figura 6.18 - Óleo e gorduras vegetais e animais 117
Figura 6.19 - Detalhes de um extintor portátil 118
Figura 6.20 - Extintor de água pressurizada 118
Figura 6.21 - Extintor de espuma mecânica 118
Figura 6.22 - Extintor de pó químico seco 119
Figura 6.23 - Extintor de gás carbônico 119
Figura 6.24 - Extintor de pó químico especial 119
Figura 6.25 - Extintor de fosfato de monoamônico (pó - ABC) 119
Figura 6.26 - Extintor de acetato de potássio 120
Figura 6.27 - Extintor posição vertical 120
Figura 6.28 - Retirada de selo ou cavilha de segurança 120
Figura 6.29 - Alavanca pressionada 120
Figura 6.30 - Direcionamento do jato para a base das chamas 120
Figura 6.31 - Varredura da superfície 120
Figura 6.32 - Rótulo de classe de fogo 121
Figura 6.33 - Ficha de controle de inspeção 123
Figura 7.1 - Acidente de trabalho 127
Figura 7.2 - Parada respiratória 128
Figura 7.3 - Parada cardíaca 128
Figura 7.4 - Procedimento do socorrista 129
Figura 7.5 - Desobstrução das vias aéreas 129
Figura 7.6 - Manobra dos dedos cruzados 129
Figura 7.7 - Proibição do método boca a boca para leigos 130
Figura 7.8 - Manter a vítima em decúbito dorsal 130
Figura 7.9 - Localização do esterno 130
Figura 7.10 - Posicionamento das mãos 131
Figura 7.11 - Posicionamento correto para compressão cardíaca 131
Figura 7.12 - Hemorragia arterial 131
Figura 7.13 - Hemorragia venosa 131
Figura 7.14 - Hemorragia externa 131
Figura 7.15 - Compressão sobre a lesão 132
Figura 7.16 - Elevação de membro lesado 132
Figura 7.17 - Compressão dos pontos arteriais 132
Figura 7.18 - Imobilização 133
Figura 7.19 - Queimaduras 133
Figura 7.20 - Transporte individual de acidentados 135
Figura 7.21 - Transporte de acidentados com apoio 135
Figura 7.22 - Transporte de acidentados - cadeirinha 136
Figura 7.23 - Transporte de acidentados no colo 136
Figura 7.24 - Transporte de acidentados com maca 136
Figura 8.1 - Engolfamento em silo 142
Figura 8.2 - Equipamento para ventilação e exaustão de espaço confinado 143

Sumário

Capítulo 1 - Introdução 19
   1.1 Dados Históricos 19
   Questões para Fixação e Entendimento 21

Capítulo 2 - Legislação 23
   2.1 Introdução 23
   2.2 Responsabilidade 23
      2.2.1 Responsabilidade das Empresas 23
   Questões para Fixação e Entendimento 28

Capítulo 3 - Gestão de Segurança e Saúde nos Trabalhos em Espaço Confinado 29
   3.1 Definições de Gestão de Segurança 29
   3.2 Medidas Técnicas de Prevenção 30
      3.2.1 Controle de Acesso ao Interior do Espaço Confinado 31
      3.2.2 Energias Residuais 32
      3.2.3 Monitoramento das Condições Ambientais 33
      3.2.4 Sinalizações 34
      3.2.5 Ventilação 34
   3.3 Equipamentos Utilizados em Espaços Confinados 37
      3.3.1 Ventiladores 37
      3.3.2 Respiradores 38
      3.3.3 Equipamentos em Atmosferas Inflamáveis 40
      3.3.4 Equipamentos Fixos e Portáteis 41
      3.3.5 Detectores Multigás 46
      3.3.6 Riscos Existentes nos Espaços Confinados 48
      3.3.7 Trabalho a Quente 59
   3.4 Medidas Administrativas 61
      3.4.1 Controles Operacionais de Liberação de Entrada em Espaços Confinados 62
   3.5 Medidas Pessoais 70
      3.5.1 Aplicação da NR-7 (Exames/ASO, Riscos Psicossociais) 70
      3.5.2 Profissionais do Espaço Confinado 71
   3.6 Equipamentos de Proteção Individual 73
   Questões para Fixação e Entendimento 74

Capítulo 4 - Capacitação 75
   4.1 Treinamento para Trabalhador Autorizado e Vigia 76
   4.2 Treinamento para Supervisor de Entrada 76

4.3 Treinamento para Colaborador 77

Questões para Fixação e Entendimento 78

Capítulo 5 - Procedimentos de Resgate em Espaço Confinado 79

5.1 Equipes de Resgate 81

5.2 Equipamentos para Acesso e Resgate em Espaços Confinados 82

    5.2.1 Equipamentos para Proteção contra Quedas e Resgate 84

    5.2.2 Equipamentos para Proteção e Resgate em Espaços Confinados 94

    5.2.3 Equipamentos de Imobilização 98

    5.2.4 Equipamentos para Sinalização e Apoio ao Resgate em Espaço Confinado 98

5.3 Operações de Resgate e Transporte em Espaços Confinados 100

    5.3.1 Avaliação de Segurança 102

    5.3.2 Etapas para o Resgate em Altura em um Espaço Confinado 103

5.4 Tipos de Resgate Realizados em Espaços Confinados 104

    5.4.1 Autorresgate 104

    5.4.2 Resgate por Vigia 104

    5.4.3 Resgate de Vítima de Choque Elétrico 105

    5.4.4 Resgate de Vítima Picada por Cobra 105

    5.4.5 Resgate de Vítima Picada por Escorpião 106

    5.4.6 Resgate de Vítima Picada por Aranha 107

Questões para Fixação e Entendimento 108

Capítulo 6 - Prevenção e Combate a Princípio de Incêndio 109

6.1 Introdução 109

6.2 Fogo ou Combustão 109

    6.2.1 Definição 109

    6.2.2 Tipos de Combustão 110

    6.2.3 Elementos Essenciais para uma Combustão 110

    6.2.4 Elementos do Fogo 111

6.3 Pontos de Temperatura 112

    6.3.1 Ponto de Fulgor 112

    6.3.2 Ponto de Combustão 113

    6.3.3 Ponto de Ignição 113

6.4 Propagação do Calor 113

    6.4.1 Condução 114

    6.4.2 Convecção 114

    6.4.3 Irradiação 114

6.5 Métodos de Extinção de Combustão 114

6.5.1 Abafamento 114
6.5.2 Resfriamento 115
6.5.3 Retirada do Material ou Isolamento 115
6.5.4 Quebra da Reação Química em Cadeia 115
6.6 Classes de Incêndio 115
6.6.1 Classe A 115
6.6.2 Classe B 115
6.6.3 Classe C 116
6.6.4 Classe D 116
6.6.5 Classe K 117
6.7 Agentes Extintores 117
6.7.1 Extintores Portáteis 117
6.7.2 Tipos de Extintores Portáteis 118
6.7.3 Utilização do Extintor 120
6.7.4 Rótulo de Classe de Fogo 121
6.7.5 Instruções Gerais em Caso de Emergência 122
6.7.6 Inspeções de Equipamentos de Extinção 122
Questões para Fixação e Entendimento 125

Capítulo 7 - Primeiros Socorros 127
7.1 Introdução 127
7.2 Parada cardiorrespiratória 128
7.2.1 Procedimentos do Socorrista 129
7.3 Hemorragias 131
7.3.1 Procedimento para Controle de Hemorragia Externa 132
7.4 Imobilização 133
7.5 Queimaduras 133
7.6 Intoxicações e Envenenamentos 134
7.7 Entorses 134
7.8 Desmaio 135
7.9 Transporte de Acidentados 135
Questões para Fixação e Entendimento 136

Capítulo 8 - Exemplos e Estudos de Casos 137
Caso 1: Asfixia por Nitrogênio - Novembro de 2005 137
Caso 2: Acidentes com Vapor de Gasolina - Parque Náutico de Virgínia, EUA - 1998 ... 140
Caso 3: Riscos e Trabalhos em Silos e Armazéns 141
Caso 4: Riscos de Gases em Câmaras Transformadoras Subterrâneas 144
Questões para Fixação e Entendimento 146

Apêndice A - NR-33 Segurança e Saúde nos Trabalhos em Espaços Confinados 147

Apêndice B - Apresentação das Normas Regulamentadoras da Portaria 3214/78 do MTE 157

Apêndice C - MTE - Portaria 202/2006 164

Apêndice D - NR-28 - Fiscalização e Penalidades 165

Apêndice E - Permissão de Entrada e Trabalho (PET) 169

Apêndice F - Modelo de Procedimento de Testes de Medidores para Entrada em Espaço Confinado 171

Apêndice G - APR - Análise Preliminar de Riscos - Ambiente Câmara Subterrânea (Modelo) 175

Apêndice H - Permissão de Trabalhos Especiais 177

Apêndice I - Modelo de Autorização de Trabalho a Quente 180

Apêndice J - A Dama e o Tigre - Nova Versão de um Antigo Conto de Fadas 182

Bibliografia 183

Marcas Registradas 184

Índice Remissivo 185

Prefácio

Quase meio milhão de pessoas morre anualmente no Brasil por causa de acidentes e doenças relacionados ao trabalho, segundo o Ministério da Previdência Social. Os setores industriais, de serviços e agricultura são os que mais expõem os trabalhadores a condições capazes de ocasionar danos à integridade física das pessoas.

As Normas Regulamentadoras (NR) relativas à segurança e medicina do trabalho são de observância obrigatória pelas empresas privadas e públicas e pelos órgãos públicos da administração direta e indireta, bem como pelos órgãos dos Poderes Legislativo e Judiciário, que possuam empregados regidos pela Consolidação das Leis do Trabalho (alteração dada pela Portaria nº 06, de 09/03/83).

O Ministério do Trabalho e Emprego, no intuito de regulamentar os trabalhos em espaços confinados, desenvolveu e publicou a Norma Regulamentadora NR-33, em que foram expressas de forma geral as condições mínimas exigidas para um trabalho seguro nesse tipo de ambiente. Sua aplicação efetiva ainda depende de conhecimentos adicionais de teóricos e práticos de engenharia de segurança e higiene aplicados aos trabalhos em todas as suas amplitudes.

Este livro contempla os conhecimentos de profissionais que atuam nas diferentes áreas abordadas na norma. As experiências profissionais diferenciadas de cada autor contribuíram para uma apresentação com aplicações e exemplos práticos para cada parágrafo redigido na norma, proporcionando um fácil entendimento do leitor.

Essas experiências são de fundamental importância para que os profissionais adquiram conhecimento e os alunos saiam das salas de aula com maior segurança para o exercício da ocupação e utilizem como embasamento para futuros planejamentos e operacionalização de trabalhos em ambientes confinados.

O conteúdo possui subsídios para atuação de diversas ocupações profissionais, como engenheiros, técnicos, administradores, advogados, operacionais, entre outros.

O livro aborda, além das questões que envolvem espaços confinados, assuntos como resgates em espaços confinados, primeiros socorros e combate ao fogo, como recomendado na NR-33. Para os gestores e administradores, no Apêndice D é apresentada a NR 28 quanto aos aspectos de fiscalização, embargo, interdição e penalidades aplicadas à NR-33.

A NR-33 deve ser entendida e aplicada em consonância com todas as Normas Regulamentadoras publicadas pelo Ministério do Trabalho e Emprego. No Apêndice B encontra-se um resumo das NR vigentes, para que o leitor possa ter ciência de que existem outras normas que também podem ser aplicadas às suas atividades.

Edson Muniz de Carvalho
Graduado em Arquitetura e Urbanismo pela Universidade de Mogi das Cruzes (UMC), engenheiro de Segurança do Trabalho pela Universidade Paulista (UNIP). Atua há 20 anos nos segmentos de geração, transmissão e distribuição de energia elétrica, implementando sistemas de gestão de segurança e saúde. Atualmente ocupa o cargo de gerente de segurança e medicina na LIGHT Serviços de Eletricidade sistemas de gestão de segurança e saúde.

Sobre o Material Disponível na Internet

O material disponível no site da Editora Érica contém as respostas dos exercícios do livro. Para utilizá-lo, é necessário ter instalado em sua máquina o Adobe Acrobat Reader versão 8 ou mais recente.

Respostas.exe - 556 KB

Procedimento para Download

Acesse o site da Editora Érica Ltda.: www.editoraerica.com.br. A transferência do arquivo disponível pode ser feita de duas formas:

- Por meio do módulo pesquisa. Localize o livro desejado, digitando palavras-chave (nome do livro ou do autor). Aparecem os dados do livro e o arquivo para download. Com um clique o arquivo executável é transferido.
- Por meio do botão "Download". Na página principal do site, clique no item "Download". É exibido um campo no qual devem ser digitadas palavras-chave (nome do livro ou do autor). Aparecem o nome do livro e o arquivo para download. Com um clique o arquivo executável é transferido.

Procedimento para Descompactação

Primeiro passo: após ter transferido o arquivo, verifique o diretório em que se encontra e dê um duplo clique nele. Aparece uma tela do programa WINZIP SELF-EXTRACTOR que conduz ao processo de descompactação. Abaixo do Unzip To Folder há um campo que indica o destino do arquivo que será copiado para o disco rígido do seu computador.

C:\NR-33

Segundo passo: prossiga a instalação, clicando no botão Unzip, o qual se encarrega de descompactar o arquivo. Logo abaixo dessa tela aparece a barra de status que monitora o processo para que você acompanhe. Após o término, outra tela de informação surge, indicando que o arquivo foi descompactado com sucesso e está no diretório criado. Para sair dessa tela, clique no botão OK. Para finalizar o programa WINZIP SELF-EXTRACTOR, clique no botão Close.

Apresentação

Com o objetivo de estabelecer os requisitos mínimos para identificação, reconhecimento, avaliação, monitoramento e controle dos riscos existentes em espaços confinados, de forma a garantir permanentemente a segurança e a saúde dos trabalhadores que interagem direta ou indiretamente nesses espaços, foi elaborada a Norma Regulamentadora número 33, do Ministério do Trabalho e Emprego, Segurança e Saúde nos Trabalhos em Espaço Confinado.

A norma define que todos os trabalhadores designados para serviços em espaços confinados, como vigias, supervisores de entrada e trabalhadores autorizados, devem receber treinamento. O empregador é obrigado a desenvolver e implantar programas de capacitação sempre que ocorram mudanças nos procedimentos, condições e operações de trabalho, ou quando houver uma razão para acreditar que existam desvios na utilização dos procedimentos de entrada nos espaços confinados, ou ainda que os conhecimentos não sejam adequados. A carga horária mínima e o conteúdo programático são definidos pelo Ministério do Trabalho e Emprego.

É estabelecido também na norma que os envolvidos nas atividades conheçam as características desses ambientes; saibam avaliar os riscos; desenvolvam medidas de controle; conheçam e utilizem os equipamentos, os procedimentos e a Permissão de Entrada e Trabalho (PET); desenvolvam procedimentos de resgate e primeiros socorros a acidentados.

Este livro apresenta-se como um guia prático de análise e aplicações, o qual esclarece as formas de cumprir as exigências, sendo direcionado aos profissionais que pretendem adequar-se aos requisitos da norma.

De forma didática, aborda o conceito jurídico e as práticas a serem seguidas nas atividades em espaço confinado. Traz subsídios a administradores, engenheiros, técnicos, profissionais da área de segurança do trabalho, professores, advogados, vigias, supervisores de entrada e trabalhadores autorizados, entre outros.

Elaborado por profissionais técnicos e especialistas, com experiência em diversas áreas do setor laboral com presença de espaço confinado, o livro não tem a pretensão de esgotar o assunto.

Os autores

Sobre os Autores

José Eduardo Rodrigues é graduado em Sistemas de Informações pela Universidade Sant'Anna e mestre em Engenharia Elétrica pela EPUSP. Possui MBA em Economia Empresarial - FIPE/USP. Especialista em Administração de Empresas - Universidade Sant'Anna, onde foi docente nas cadeiras de Informática e Administração. Atualmente é pesquisador na Fundação para o Desenvolvimento da UNESP, docente adjunto na cadeira de Engenharia Elétrica da Universidade Paulista (UNIP) e ministra treinamentos pela escola SENAI em cursos voltados para Normas Regulamentadoras do Ministério do Trabalho e Emprego e Subestações Primárias.

Rosangela Helena Pereira dos Santos é graduada em Engenharia Ambiental pela Universidade São Marcos e pós-graduada em Engenharia de Segurança do Trabalho pela EPUSP. Possui 18 anos de atuação em higiene e segurança do trabalho em indústrias e prestadoras de serviços em petroquímica, energia elétrica e telecomunicações. Atualmente é diretora da empresa Hebratele Soluções em Telecomunicações Ltda. Presta serviços de consultoria e assessoria em segurança do trabalho, treinamento em SMS nas empresas e ministra treinamentos pela escola SENAI em cursos voltados para Normas Regulamentadoras do Ministério do Trabalho.

Benjamim Ferreira de Barros. Técnico eletricista, formado pela Associação Educacional Tecnológica Álvares Machado (AETAM). Possui 38 anos de experiência nas áreas de elétrica e segurança do trabalho, atuado em empresas do setor elétrico. Diretor das empresas L&B Capacitação e Treinamento e L&B Energia, prestando serviços de assessoria técnica e de segurança do trabalho, atuando nas áreas de projeto, construção e manutenção. Desenvolve palestra técnica e de segurança do trabalho. Instrutor do SENAI dos cursos Cabine Primária, SEP (Sistema Elétrico de Potência), NR-10, Eficiência Energética, NR-33, entre outros. Autor dos livros NR-10 - Guia Prático de Análise e Aplicação, Cabine Primária - Subestações de Alta Tensão de Consumidor, Gerenciamento de Energia - Ações Administrativas e Técnicas de Uso Adequado da Energia Elétrica, Sistema Elétrico de Potência - SEP: Guia Prático - Conceitos, Análises e Aplicações de Segurança da NR-10, publicados pela Editora Érica.

Introdução

1.1 Dados Históricos

O instrumento que determina como deve ser a relação entre empregados e empregadores no Brasil é a Consolidação das Leis do Trabalho, conhecida como CLT, instituída pelo Decreto-Lei nº 5.452, de 1º de maio de 1943, sancionada pelo então presidente Getúlio Vargas.

O capítulo V da CLT, elaborada em 1943, tratava da "Higiene e Segurança do Trabalho", estabelecendo os critérios de segurança do trabalho que deveriam ser seguidos, conforme determinavam suas 16 seções, sendo:

Seção I - Disposições gerais.

Seção II - Da inspeção prévia e do embargo ou interdição.

Seção III - Dos órgãos de segurança e de medicina do trabalho nas empresas.

Seção IV - Do equipamento de proteção individual.

Seção V - Das medidas preventivas de medicina do trabalho.

Seção VI - Das edificações.

Seção VII - Da iluminação.

Seção VII - Do conforto térmico.

Seção IX - Das instalações elétricas.

Seção X - Da movimentação, armazenagem e manuseio de materiais.

Seção XI - Das máquinas e equipamentos.

Seção XII - Das caldeiras, fornos e recipientes sob pressão.

Seção XIII - Das atividades insalubres ou perigosas.

Seção XIV - Da prevenção da fadiga.

Seção XV - Das outras medidas especiais de proteção.

Seção XVI - Das penalidades.

Diante da necessidade de adequação destas seções, no dia 22 de dezembro de 1977 foi publicada a Lei nº 6.514 que altera o capítulo V da CLT, passando a chamar-se "Da Segurança e da Medicina do Trabalho".

O artigo 179 refere-se à regulamentação que deveria ser elaborada por especialistas após a promulgação da lei. Essa regulamentação foi criada no ano seguinte, em 1978, pela Portaria nº 3.214, elaborando 28 normas regulamentadoras. Hoje contamos com 35 normas, cujo resumo encontra-se no Apêndice B deste livro.

As referências com relação à aplicação de boas práticas de segurança envolvendo atividades em espaço confinado eram previstas na NR-18, em seu item 18.20, e nas normas técnicas da Associação Brasileira de Normas Técnicas (ABNT):

- **NBR 14.606, de 2000 - Postos de Serviços - Entrada em Espaço Confinado:** estabelece procedimentos de segurança para entrada em poços de serviços (restrita a entrada em tanques subterrâneos).

- **NBR 14.787, de 2002 - Espaço Confinado - Prevenção de Acidentes, Procedimentos e Medidas de Proteção:** estabelece requisitos mínimos para a proteção dos trabalhadores e de local de trabalho contra riscos de entrada em espaço confinado.

Em função de inúmeras tarefas realizadas e do crescimento de acidentes em locais considerados hoje como "espaços confinados", houve a necessidade de regulamentar os procedimentos e as atividades dentro desses espaços, determinando critérios de segurança a serem seguidos.

Preocupado com a questão, o Ministério do Trabalho criou, em 22 de dezembro de 2006, por intermédio da Portaria nº 202, a Norma Regulamentadora nº 33 - Segurança e Saúde nos Trabalhos em Espaços Confinados, sendo reproduzida na íntegra no Apêndice A deste livro.

A regulamentação quanto às atividades em espaço confinado não é somente prerrogativa da norma de segurança NR-33 do Ministério do Trabalho e Emprego (MTE).

Algumas normas técnicas trazem referência e determinações a serem cumpridas conforme as atividades em espaço confinado.

Para um melhor entendimento, cabe esclarecer a diferença entre as normas técnicas e as normas regulamentadoras:

As normas técnicas estabelecem os procedimentos e requisitos operacionais específicos, sendo elaboradas pela sociedade civil, geralmente grupos ou associações específicas formadas por membros da sociedade. Possuem como objetivo orientar e regulamentar as instalações, materiais e equipamentos. No Brasil, a associação civil mais conhecida que elabora normas técnicas é a Associação Brasileira de Normas Técnicas (ABNT).

As normas regulamentadoras são formalizadas em projetos de lei, elaboradas pelo Ministério do Trabalho, tornando-se de cunho obrigatório, e possuem o objetivo de proteção e saúde do trabalhador, meio ambiente e regulamentação das atividades.

Salientamos que a NR-33 necessita integrar-se com as demais normas regulamentadoras e normas técnicas, visando garantir a preservação da saúde e a integridade física dos trabalhadores por meio da antecipação, do reconhecimento, avaliação e controle dos riscos ambientais existentes nos espaços confinados. Exemplos de normas que interagem com a NR-33:

- NR-1 - Procedimentos Padrões, Instruções de Segurança e Riscos existentes no setor e medidas de controle;
- NR-6 - Equipamentos de Proteção Individual - EPIs;
- NR-7 - Programa de Controle Médico e Saúde Ocupacional - PCMSO;
- NR-9 - Programa de Prevenção de Riscos Ambientais - PPRA;
- NR-10 - Riscos Elétricos;
- NR-17 - Ergonomia;
- NR-18 - Condições e Meio Ambiente de Trabalho na Indústria da Construção Civil;
- NR-20 - Líquidos Combustíveis e Inflamáveis;
- NR-21 - Trabalho a Céu Aberto;
- NR-22 - Segurança e Saúde Ocupacional na Mineração;
- NR-23 - Proteção contra Incêndio;
- NR-26 - Sinalização de Segurança;
- NR-35 - Trabalho em Altura;
- Entre outras NRs.

QUESTÕES PARA FIXAÇÃO E ENTENDIMENTO

1. O que é estabelecido na NBR 14.787 de 2002?
2. Quantas Normas Regulamentadoras estão divulgadas no site do MTE?
3. Qual é o assunto abordado pela Norma Regulamentadora número 33?
4. Qual é a diferença entre norma técnica e norma regulamentadora?
5. Existem outras normas que tratam de espaço confinado? Cite algumas.

Anotações

Legislação

2.1 Introdução

É importante o entendimento das responsabilidades referentes às disposições da NR-33, para que seja possível identificar exatamente sua aplicação para as empresas e os profissionais envolvidos.

Em seu item 33.5.2 - São solidariamente responsáveis pelo cumprimento desta NR os contratantes e contratados.

Além do Ministério do Trabalho e Emprego, normas técnicas da ABNT e normas internacionais abordam este tema, conforme exemplificado em seguida:

- Norma internacional europeia OSHA (Occupational Safety and Health Administration);
- Norma internacional espanhola NIOSH (National Institute Occupational Safety and Health);
- Norma brasileira da ABNT NBR 14787 - Espaço Confinado - Prevenção de Acidentes, Procedimentos e Medidas de Proteção;
- Norma brasileira da ABNT NBR 14.606, de 2000 - Postos de Serviços - Entrada em Espaço Confinado;
- Entre outras.

2.2 Responsabilidade

2.2.1 Responsabilidade das Empresas

A NR-33, no item 33.2.1, define as responsabilidades quanto ao cumprimento das questões legais, complementares, administrativas e técnicas para o empregador e prestadores de serviços terceirizados, bem como as abrangências dessas responsabilidades que devem constar no documento de contrato entre o tomador e o prestador de serviço.

A NR-33 define a quem compete a responsabilidade dos envolvidos nas atividades nos espaços confinados.

Cabe ao Empregador (Empresa Contratante)

a) Indicar formalmente o responsável técnico pelo cumprimento desta norma;

b) Identificar os espaços confinados existentes no estabelecimento;

c) Identificar os riscos específicos de cada espaço confinado;

d) Implementar a gestão em segurança e saúde no trabalho em espaços confinados, por medidas técnicas de prevenção, administrativas, pessoais e de emergência e salvamento, de forma a garantir permanentemente ambientes com condições adequadas de trabalho;

e) Garantir a capacitação continuada dos trabalhadores sobre os riscos, as medidas de controle, de emergência e salvamento em espaços confinados;

f) Garantir que o acesso ao espaço confinado somente ocorra após a emissão, por escrito, da Permissão de Entrada e Trabalho, conforme modelo constante no anexo II desta NR;

g) Fornecer às empresas contratadas informações sobre os riscos nas áreas onde desenvolverão suas atividades e exigir a capacitação de seus trabalhadores;

h) Acompanhar a implementação das medidas de segurança e saúde dos trabalhadores das empresas contratadas, provendo os meios e condições para que eles possam atuar em conformidade com esta NR;

i) Interromper todo e qualquer tipo de trabalho em caso de suspeição de condição de risco grave e iminente, procedendo ao imediato abandono do local; e

j) Garantir informações atualizadas sobre os riscos e medidas de controle antes de cada acesso aos espaços confinados.

A responsabilidade do empregador abrange as gestões técnicas e administrativas voltadas à segurança e saúde no trabalho em espaço confinado, passando pelas integridades físicas dos trabalhadores. Essa responsabilidade inclui identificar, classificar e avaliar os espaços confinados existentes na planta, informar os riscos aos quais os trabalhadores estão expostos nesses espaços, assim como implantar sinalização de advertência, barreiras de proteção, procedimentos e medidas de controle. Também devem garantir e exigir o treinamento e a capacitação dos trabalhadores.

O item 33.2.1 determina a necessidade de o empregador indicar um profissional técnico que responderá pelas ações do cumprimento legal da norma. A NR-33 não traz o perfil desse profissional. O bom-senso recomenda que deve ter conhecimento técnico dos riscos eventuais das atividades, assim como informações das responsabilidades técnicas e administrativas da empresa no trabalho em espaço confinado.

O contratante ou tomador do serviço deve observar o item 33.2.1 g, que trata do fornecimento de informações sobre os riscos existentes no local onde serão desenvolvidas as atividades, bem como exigir treinamento e capacitação de seus trabalhadores.

Recomenda-se, no início da prestação do serviço, que seja feita uma integração com os profissionais da contratada. Essa integração geralmente é coordenada pela contratante com o objetivo de apresentar os riscos das atividades e as medidas de controle existentes, bem como conferir os treinamentos e as capacitações dos trabalhadores envolvidos no contrato.

Item 33.2.1 g)

g) Fornecer às empresas contratadas informações sobre os riscos nas áreas onde desenvolverão suas atividades e exigir capacitação de seus trabalhadores.

Cabe à Empresa Contratada

Promover treinamento dos trabalhadores, informando sobre os riscos e medidas de controles a serem estabelecidos para a realização de atividades em espaços confinados.

No caso de prestadores de serviços terceirizados, geralmente na relação entre contratadas e contratantes há um documento formal, um contrato, que determina a quem competem as ações referentes às questões de segurança durante a prestação do serviço, objeto do contrato.

2.2.1.1 Consolidação das Leis do Trabalho (CLT)

Vale lembrar que a responsabilidade quanto às determinações da NR-33 para os empregadores e contratados não se limita às normas técnicas e de segurança, mas também à Consolidação das Leis do Trabalho (CLT).

Responsabilidade das Empresas Contratante e Contratada

Paralelamente às NRs, a CLT determina leis de cunho obrigatório para as empresas. A Lei nº 6.514, de 22 de dezembro de 1977, no seu artigo 157 determina:

Lei 6.514, artigo 157 - Cabe às empresas:

I - Cumprir e fazer cumprir as normas de segurança e medicina do trabalho.

II - Instruir os empregados, através de ordens de serviço, quanto às precauções a tomar no sentido de evitar acidentes do trabalho ou doenças ocupacionais;

III - Adotar as medidas que lhe sejam determinadas pelo órgão regional competente;

IV - Facilitar o exercício da fiscalização pela autoridade competente.

As empresas contratantes, assim como a contratada, têm a responsabilidade de cumprir e fazer com que os trabalhadores envolvidos na tarefa cumpram as normas de segurança, criando para isso condições técnicas e administrativas.

33.3.4.1 Todo trabalhador designado para trabalhos em espaços confinados deve ser submetido a exames médicos específicos para a função que irá desempenhar, conforme estabelecem as NRs 07 e 31, incluindo os fatores de riscos psicossociais com a emissão do respectivo Atestado de Saúde Ocupacional (ASO).

O artigo 157 da Lei nº 6.514, de 22 de dezembro de 1977, define que cabe às empresas a responsabilidade da capacitação e treinamento dos trabalhadores envolvidos nas tarefas nos espaços confinados.

É responsabilidade também do empregador implantar e manter medidas de gestão técnicas e administrativas, conforme aborda o Capítulo 3 deste livro.

O empregador deve fornecer aparelhamento de avaliação das condições de ventilação e iluminação adequadas para o trabalho nos espaços confinados, equipamento de monitoramento e controle dos riscos atmosféricos, implantação do procedimento de controle de queda, meios de comunicação, inspeção do local de trabalho, entre outros.

Também é de sua responsabilidade ou do seu representante legal a guarda dos documentos constates na NR, facilitando sua fiscalização quando solicitada pelos órgãos competentes, como Ministério do Trabalho, Ministério Público, prefeituras, entre outros.

Cabe ao Trabalhador

Da mesma forma que os empregadores, os trabalhadores também têm atribuições no cumprimento da NR-33, seja por ações e/ou omissões.

33.2.2 Cabe aos trabalhadores:

a) Colaborar com a empresa no cumprimento desta NR;

b) Utilizar adequadamente os meios e equipamentos fornecidos pela empresa;

c) Comunicar ao vigia e ao supervisor de entrada as situações de risco para sua segurança e saúde ou de terceiros, que sejam do seu conhecimento; e

d) Cumprir os procedimentos e orientações recebidos nos treinamentos com relação aos espaços confinados.

A solidariedade e a responsabilidade das ações de segurança e saúde necessárias para desenvolver as atividades nos espaços confinados dependem também dos trabalhadores que atuam dentro dos espaços confinados, portanto sua participação em indicar os riscos existentes é fundamental. A utilização adequada dos equipamentos de monitoramento e dos EPIs é essencial para evitar os acidentes. Por este motivo, a norma exige do trabalhador:

a) Colaborar no cumprimento da norma;
b) Utilizar as medidas técnicas e administrativas definidas pela empresa;
c) Comunicar ao vigia e ao supervisor de entrada as condições do local, além das condições de saúde dos trabalhadores que desenvolvem a tarefa nele;
d) Desenvolver e cumprir o aprendizado dos treinamentos recebidos da NR-33.

Os trabalhadores devem interromper suas tarefas, sempre que constatarem evidências de riscos graves e iminentes para sua segurança e saúde ou a de outras pessoas, comunicando imediatamente o fato a seu superior hierárquico, que diligenciará as medidas cabíveis.

A responsabilidade quanto às determinações da NR-33 para os trabalhadores não se limita às normas técnicas e de segurança, mas também à Consolidação das Leis do Trabalho (CLT), que em seu artigo 158 determina:

Art. 158 - Cabe aos empregados:

I - Observar as normas de segurança e medicina do trabalho, inclusive as instruções de que trata o item II do artigo anterior;

II - Colaborar com a empresa na aplicação dos dispositivos deste capítulo.

Constitui ato faltoso do empregado a recusa injustificada:

a) a observância das instruções de segurança expedidas pelo empregador na forma do item II do artigo anterior;
b) ao uso dos equipamentos de proteção individual fornecidos pela empresa.

Além das normas técnicas, normas de segurança e CLT, os Códigos Civil e Penal atribuem responsabilidade às empresas (responsabilidade civil) e aos trabalhadores (responsabilidade criminal).

O artigo 1.521 do Código Civil, inciso III, determina que as empresas e seus prepostos são responsáveis pela reparação do acidente de trabalho ocorrido.

Artigo 1.521 do Código Civil - inciso III

São também responsáveis pela reparação civil, o patrão, por seus empregados, técnicos serviçais e prepostos.

Qualquer empresa ou seus prepostos poderão responder quando da ocorrência de um acidente do trabalho, caso seja comprovada culpa devido à imperícia, imprudência ou negligência, conforme o artigo 159 do Código Civil.

Artigo 159 do Código Civil

Aquele que por ação ou omissão voluntária, negligência, imprudência ou imperícia, causar dano a outra pessoa, obriga-se a indenizar o prejuízo.

Negligência

É o termo que designa a ausência de precaução ou indiferença em relação ao ato realizado.

Exemplo: deixar de alertar sobre situação de risco ou não cobrar cuidados de segurança necessários na execução das tarefas, proporcionando uma situação ou ambiente perigoso.

Imperícia

Vem de não ser perito, não ter conhecimento ou qualificação técnica, falta de treinamento, não ter aptidão para o exercício de determinada tarefa.

Exemplo: empregado não treinado ou não preparado para executar tarefa em espaço confinado.

Imprudência

Falta de precaução, mesmo conhecendo os riscos, praticando um ato perigoso, consiste na violação de regras ou leis.

Exemplo: o profissional, mesmo sabendo dos riscos que envolvem os seus serviços, não utiliza os EPIs devidos para a execução de seu trabalho.

É aconselhável conhecer as recomendações das legislações, as responsabilidades e as normas técnicas e de segurança para atuar em qualquer etapa da NR-33, tanto na elaboração das medidas técnicas e administrativas como na execução das atividades.

QUESTÕES PARA FIXAÇÃO E ENTENDIMENTO

1. Quais são as responsabilidades do empregador?

2. O que define o item 33.3.4.1 da NR-33 com relação à saúde e à segurança?

3. O que define o artigo 159 do Código Civil?

4. Quais são as obrigações do empregador?

5. A utilização adequada dos equipamentos de monitoramento e dos EPIs é essencial para evitar os acidentes. Por este motivo, o que a norma NR-33 exige do trabalhador?

Gestão de Segurança e Saúde nos Trabalhos em Espaço Confinado

3.1 Definições de Gestão de Segurança

A gestão de segurança envolve conceitos obtidos no final dos anos de 1940 com a indústria de produção bélica. No início de 1960, passou a ser utilizada também pelas indústrias de aviação e espacial, em que foram aprimoradas as suas normatizações.

Anteriormente à década de 1940, os engenheiros e projetistas desenvolviam seus projetos com experimentos fundamentados em tentativa e erro.

A exemplo disso, na indústria aeronáutica o controle de segurança era conhecido como a técnica "voa - conserta - voa", a qual era embasada nos defeitos das aeronaves referentes aos seus projetos. O procedimento era adotado após a construção da aeronave, conforme a tecnologia conhecida na época; somente após liberada para prática de voo eram detectados os problemas construtivos, ocorrendo, em alguns casos, queda da aeronave.

Se a causa fosse decorrente de problemas de projeto e não falha humana, as aeronaves passavam por manutenção e eram liberadas para voo.

Essa metodologia, se assim podemos considerar, era válida para as aeronaves que voavam a baixa altitude e devagar, construídas de madeira, pano e arame. Este conceito de avaliação dos projetos tornou-se inviável com o aumento da produtividade e da capacidade das aeronaves.

Estes fatos aceleraram o desenvolvimento dos sistemas de segurança industrial para aprimorar novas técnicas de controle de acidentes.

Conforme o item 33.3.1, da NR-33, a gestão de segurança e saúde deve ser planejada, programada, implementada e avaliada, incluindo:

a) Medidas técnicas de prevenção;
b) Medidas administrativas;
c) Medidas pessoais; e
d) Capacitação para trabalho em espaços confinados.

Os requisitos de gestão de saúde e segurança ocupacional, para a realização de atividades em espaços confinados, necessitam estar integrados a processos de identificação, avaliação e controle dos riscos existentes na organização.

Algumas ações de controle podem ser destacadas a seguir:

a) Elaborar e implantar metodologia para antecipar, reconhecer e identificar os espaços confinados existentes com a finalidade de evitar acesso de pessoas não autorizadas.

b) Sinalizar, isolar, eliminar ou controlar os riscos existentes.
c) Providenciar travas e bloqueios para controlar o acesso aos espaços confinados.
d) Estabelecer procedimentos de supervisão de entrada que possam interagir e informar todos os trabalhadores envolvidos na atividade.
e) Elaborar procedimento de permissão de entrada contendo as diretrizes de gerenciamento de riscos (emitir, preparar, utilizar e cancelar a PET).
f) Garantir a supervisão das atividades e dos trabalhadores no interior do espaço confinado.
g) Promover meios para monitorar a atmosfera, garantindo as condições de acesso e permanência segura.

3.2 Medidas Técnicas de Prevenção

São medidas e atitudes empregadas com o intuito de eliminar, neutralizar ou controlar o risco, seja ele físico, químico, biológico, ergonômico e de acidente. Essas atitudes devem garantir a integridade física e mental do trabalhador para que sejam bem-sucedidas, devendo estar relacionadas às condições de:

a) Controle de acesso ao interior do espaço confinado;
b) Energias residuais;
c) Monitoramento das condições ambientais;
d) Sinalizações.

Os acidentes em espaços confinados podem causar danos irreversíveis ao trabalhador em função da falta ou excesso de oxigenação no cérebro, levando à perda de orientação e de sentido.

Em se tratando de atmosfera rica em nitrogênio (N), por exemplo, basta inspirar uma quantidade relativamente pequena para que se percam os sentidos, impossibilitando o trabalhador de solicitar ajuda.

Quando não for possível eliminar os riscos em espaços confinados, obrigatoriamente devem ser implantadas medidas de controle que, como o próprio nome sugere, controlam os riscos aos quais os trabalhadores em espaços confinados estão sujeitos. Essas medidas podem ser técnicas ou com dispositivos específicos para cada tipo de risco.

No texto da norma NR-33 encontra-se o item relacionado diretamente a medidas técnicas:

33.3.2 - Medidas técnicas de prevenção:

a) Identificar, isolar e sinalizar os espaços confinados para evitar a entrada de pessoas não autorizadas;

b) Antecipar e reconhecer os riscos nos espaços confinados;

c) Proceder à ventilação e controle dos riscos físicos, químicos, biológicos, ergonômicos e mecânicos;

d) Prever a implantação de travas, bloqueios, alívio, lacre e etiquetagem;

e) Implementar medidas necessárias para eliminação ou controle dos riscos atmosféricos em espaços confinados;

f) Avaliar a atmosfera nos espaços confinados, antes da entrada de trabalhadores, para verificar se o seu interior é seguro;

g) Manter condições atmosféricas aceitáveis na entrada e durante toda a realização dos trabalhos, monitorando, ventilando, purgando, lavando ou inertizando o espaço confinado;

h) Monitorar continuamente a atmosfera nos espaços confinados nas áreas onde os trabalhadores autorizados estiverem desempenhando as suas tarefas, para verificar se as condições de acesso e permanência são seguras;

i) Proibir a ventilação com oxigênio puro;

j) Testar os equipamentos de medição antes de cada utilização; e

k) Utilizar equipamento de leitura direta, intrinsecamente seguro, provido de alarme, calibrado e protegido contra emissões eletromagnéticas ou interferências de radiofrequência.

No entanto, o ideal seria eliminar o risco no espaço confinado existente em uma planta. Para isso, faz-se necessário reconhecer os espaços confinados e antecipar as medidas de controle ainda na fase de projeto de uma planta, ou na fabricação de equipamentos e máquinas.

Áreas ou equipamentos que já se encontram instalados demandam um custo muito alto de adequações por envolverem dinheiro e tempo.

Como os riscos em áreas e equipamentos que possuem espaço confinado não são constantes, à entrada de pessoas torna-se necessário a implementação de medidas de controle, as quais serão vistas a seguir.

3.2.1 Controle de Acesso ao Interior do Espaço Confinado

Antes de entrar no espaço confinado, deve-se avaliar as alternativas para realizar o serviço sem a necessidade de utilizar o fator humano.

Nos dias atuais, tem-se utilizado a alternativa tecnológica para evitar que o trabalhador entre nessas áreas. Com o auxílio de câmeras, Figura 3.1, faz-se a análise visual interna. Em caso de inspeções, elimina-se a necessidade de o trabalhador entrar na área.

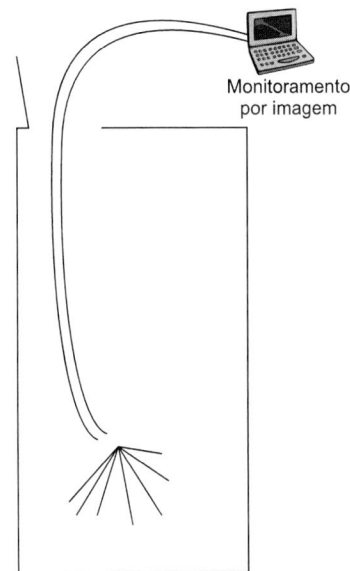

Figura 3.1 - Utilização de câmara e fibra óptica no monitoramento de espaço confinado.

Por vezes são necessários pequenos reparos. Por exemplo, em soldas internamente em tubulação, com presença de risco ergonômico devido ao espaço físico, risco químico pelo possível deslocamento do oxigênio causado pela solda, muitas vezes dependendo do que se transportava pela tubulação, pode apresentar risco de explosão. Hoje, com o auxílio da tecnologia, são enviados robôs, Figura 3.2, para efetuar a solda. Nessas tubulações retira-se o oxigênio, eliminando o risco de explosão. O robô que possui uma câmera efetua a solda de eletrodo, pois para a corrente elétrica não é necessário o oxigênio. Isso tem sido utilizado, por exemplo, em empresas que transportam petróleo através de tubulações.

Figura 3.2 - Manutenções e inspeções por robôs em tubulação.

Em outras situações, em que não é possível a utilização da tecnologia para deixar o ser humano fora do espaço confinado, diminui-se a possibilidade de trabalhadores sem treinamento entrarem nessas áreas.

É possível encontrar situações em que não se utiliza tecnologia para deixar o ser humano fora do espaço confinado, obrigando a expor o trabalhador aos riscos característicos do ambiente. Neste caso, controlar o acesso diminui a possibilidade de trabalhadores não autorizados entrarem nessas áreas. A primeira medida pode ser administrativa, conforme apresenta o item 3.1 deste capítulo, e uma delas é a PET (Permissão de Entrada e Trabalho).

A PET (Permissão de Entrada e Trabalho), Figura 3.3, é uma exigência legal e está descrita na NR-33. Ela deve conter o procedimento de segurança e emergência, assim como verificar se as medidas de segurança foram implementadas. Para garantir sua validade, deve constar a assinatura do supervisor. No item 3.3.1 deste capítulo apresentamos os passos de preenchimento da PET.

O Apêndice E do livro traz um modelo de PET. É importante lembrar que um trabalhador nunca deve entrar em espaço confinado sem a sua via da PET.

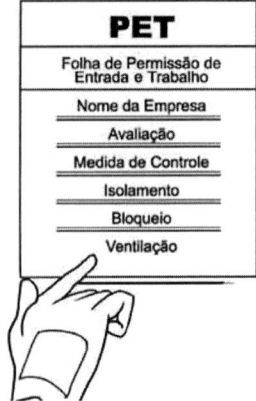

Figura 3.3 - PET (Permissão de Entrada e Trabalho).

3.2.2 Energias Residuais

Para efetuar qualquer trabalho dentro do espaço confinado, é preciso isolar o espaço confinado com relação a qualquer fonte de energia. As fontes de energia podem ser elétrica, pneumática (ar), vapor (calor), hidráulica (água) e líquida (combustível - gasolina, petróleo, álcool). Essas possíveis energias necessitam ser bloqueadas por travas.

As travas são dispositivos mecânicos que fisicamente previnem a transmissão ou fuga de energia. Os mais conhecidos são bloqueadores de válvulas, raqueteamento, Figura 3.6, cadeado e bloqueadores de chaves elétricas, Figura 3.4. Os bloqueadores têm o objetivo de impedir que involuntariamente a energia (líquida, elétrica ou gasosa) volte a fluir no sistema. Quando mais de uma pessoa estiver efetuando o trabalho, é recomendável que cada trabalhador possua o seu próprio cadeado e fixe-o no sistema de bloqueio. Neste caso, é importante que o bloqueador seja de múltiplos cadeados, conforme a Figura 3.5.

Essas travas, ou cadeados, devem vir acompanhadas de etiquetas de sinalização, Figura 3.7. A etiqueta tem o objetivo de sinalizar e indicar quem efetuou o bloqueio. Vale lembrar que o bloqueio só pode ser retirado por quem o colocou.

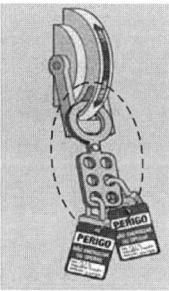

Figura 3.4 - Bloqueio de equipamento elétrico.

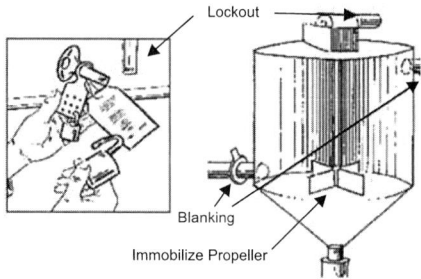

Figura 3.7 - Bloqueios.

3.2.3 Monitoramento das Condições Ambientais

Ao entrar em uma área considerada espaço confinado, deve-se efetuar teste atmosférico, Figura 3.8, o qual determina a existência de gases tóxicos, oxigênio suficiente para a atividade humana e um ambiente com potencial explosivo. O teste deve ser efetuado durante todo o trabalho, mantendo o monitoramento das condições ambientais. No Apêndice F encontram-se as informações sobre como efetuar as medições para entrar em espaço confinado.

O monitoramento pode ser contínuo ou periódico:

Figura 3.5 - Bloqueio hidráulico com múltiplos cadeados.

- **Monitoramento contínuo:** exige-se que exista alguém verificando em tempo integral as condições da área. Geralmente se fixa o instrumento em um trabalhador que está no espaço confinado, permanecendo com ele durante todo o trabalho. Esse instrumento deve ser equipado com alarme sonoro, para que os outros trabalhadores que estiverem efetuando a atividade abandonem o ambiente imediatamente caso o alarme venha a soar.

Figura 3.6 - Bloqueio por raqueteamento.

- **Monitoramento periódico:** as medições ocorrem em tempos predeterminados. Nesse método, exige-se que uma pessoa qualificada efetue o monitoramento para acompanhar as possíveis alterações das condições ambientais do espaço confinado.

> **Nota**
>
> O trabalhador deve sair do espaço confinado imediatamente quando o alarme for acionado e verificar a sua ocorrência somente fora desse espaço.

Figura 3.8 - Medições.

3.2.4 Sinalizações

A sinalização deve ser permanente ou temporária.

A **sinalização permanente** deve estar presente na entrada do espaço confinado, conforme o item 33.3.3.c da norma. Serve para identificar as áreas que são consideradas espaço confinado, as fontes de energia e o seu fluxo e possíveis dispositivos para interrupção dessas fontes de energia (registros para bloqueio de energia pneumática e/ou hidráulica, chaves seccionadoras ou disjuntores para bloqueio de energia elétrica).

A **sinalização temporária** deve ser utilizada ao efetuar alguma atividade em áreas de espaço confinado, identificando a atividade por placas ou letreiros de sinalização, demarcando e isolando a área da atividade, Figura 3.9. É comum a utilização de cones e fitas zebradas. Vale lembrar que a presença permanente do vigia no local, além de ser de vital importância para o trabalhador que está no espaço confinado, afasta possíveis curiosos ou passantes do local.

Figura 3.9 - Sinalizações.

3.2.5 Ventilação

O nome ventilação é dado ao processo de movimentar continuamente o ar renovado. O ato de ventilar tem o objetivo de substituir o ar contaminado por ar puro.

No caso do espaço confinado, a ventilação vem diminuir a possibilidade de explosão, mantendo a atmosfera no local dentro dos limites inferiores de explosividade (LIE). Também refrigera (diminui) a temperatura, reduz a níveis aceitáveis ou elimina toxinas, ou seja, cria uma atmosfera aceitável para a presença de seres humanos.

Para classificar os sistemas de ventilação, faz-se necessário saber a que se destinam. Existem motoventiladores que podem ventilar ou exaurir o ar, Figura 3.10. Com isso, podem ser classificados em ventilação para conforto térmico, ventilação para manutenção da saúde e segurança dos trabalhadores e ventilação para conservação de materiais e equipamentos.

Figura 3.10 - Motoventilador portátil.

a) **Ventilação para conforto térmico**

Esse tipo de ventilação restabelece as condições atmosféricas no ambiente alterado pela presença dos seres humanos. Portanto, refrigera-se o ambiente no verão e aquece-se o ambiente no inverno.

b) **Ventilação para manutenção da saúde e segurança dos trabalhadores**

Esse tipo de ventilação tem o objetivo de reduzir a concentração no ar de gases, vapores, aerodispersoides nocivos à saúde humana, aproximando o ar dos limites não prejudiciais à saúde, assim como reduzir a níveis aceitáveis a partícula tóxica, diminuindo o grau de inflamabilidade ou explosão. O Apêndice F do livro apresenta uma tabela que indica esses valores.

c) **Ventilação para conservação de materiais e equipamentos**

Utilizada para diminuir a temperatura a fim de reduzir aquecimentos de motores e máquinas elétricas e/ou eletrônicas, por exemplo. Normalmente usada em galpões ou armazéns, objetivando manter a temperatura ideal para conservação de alimentos e produtos.

Os sistemas de ventilação empregados são divididos em natural (ONAN) e mecânica (ONAF).

3.2.5.1 Ventilação Natural

Como o próprio nome diz, esse tipo de ventilação depende exclusivamente do meio natural, sem a interferência de máquinas, dependendo somente de aberturas existentes no espaço confinado e correntes naturais de ar.

A ventilação natural, Figura 3.11, não é totalmente confiável devido às variações das correntes de ventos e dos efeitos térmicos, podendo não ser suficiente para mitigar o calor ambiente, decorrente de atividades como solda, esmerilhamento, número de trabalhadores, entre outros.

Figura 3.11 - Ventilação natural.

3.2.5.2 Ventilação Mecânica

Diferente da ventilação natural, a ventilação mecânica utiliza equipamentos para renovar o ar dentro dos espaços confinados. Esse processo consiste em movimentar o ar com o uso de máquinas, geralmente ventiladores.

O ventilador pode insuflar o ar em um ambiente, ou seja, transferir o ar externo para um ambiente interno; pode também exaurir o ar do ambiente interno para o externo.

A ventilação mecânica pode ser subdividida em quatro tipos:
a) Ventilação (mecânica - ONAF);
b) Ventilação para conforto térmico (mecânica - ONAF);
c) Ventilação diluidora (mecânica - ONAF);
d) Ventilação local exaustora (mecânica - ONAF).

As ventilações mecânicas, quando utilizadas, provocam pequenas alterações na pressão atmosférica do ambiente. Entretanto, são tão pequenas as alterações que são imperceptíveis, mas esse fato leva à chamada pressão positiva, ato de insuflar, e à pressão negativa, ato de exaurir.

Com isso a ventilação pode ser conhecida pelos seguintes métodos:
a) Insuflação mecânica e exaustão natural;
b) Insuflação natural e exaustão mecânica;
c) Insuflação e exaustão mecânicas.

Insuflação Mecânica e Exaustão Natural

Entende-se por insuflar o ato de "empurrar" o ar para dentro do espaço confinado. Isso faz com que o ar já existente nessa área seja extinto por qualquer fenda no espaço confinado, principalmente os contaminantes tóxicos e/ou inflamáveis. Esse tipo de ventilação é conhecido como PPV (ventilação pressurizada positiva).

O equipamento que insufla o ar, Figura 3.12, basicamente troca o ar com menor quantidade de poluentes da atmosfera externa pelo ar contaminado do espaço confinado. São ventiladores que, dependendo da maneira como são instalados, podem insuflar (empurrar) ou exaustar (puxar).

Figura 3.12 - Insuflação mecânica.

Insuflação Natural e Exaustão Mecânica

Exaustar é o ato de puxar o ar para fora, aspirá-lo, Figura 3.13. Nesse método, com a saída do ar interno, o ar externo é empurrado para o ambiente interno através de qualquer abertura disponível.

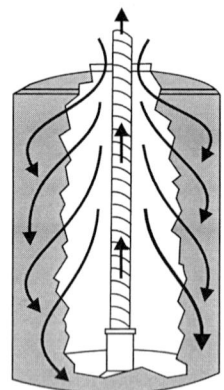

Figura 3.13 - Exaustão mecânica em gases mais pesados que o oxigênio.

Como o ar interno é constantemente retirado, deve-se tomar cuidado com a saída de ar do exaustor, principalmente com pessoas (vigias) próximas a essa saída, levando a inalar o ar contaminado por toxinas que estão sendo retiradas do espaço confinado.

Quando os gases e vapores são mais pesados que o ar, ele deve ser capturado no fundo do espaço confinado e a reposição ocorre pela parte superior do espaço.

Os gases mais leves que o ar, Figura 3.14, empurram o oxigênio para um nível inferior e ocupam as regiões superiores do espaço confinado. Por isso, com um exaustor os gases e vapores leves devem ser capturados na parte superior (topo) e a reposição do ar deve ser feita pela parte inferior do espaço confinado.

Isso impede que esses gases desloquem (afastem) o oxigênio do trabalhador e causem um desmaio ou acidente mais grave. Com a exaustão, o ar que possui oxigênio entra e mantém o equilíbrio na atmosfera. Portanto, com essa configuração haverá uma atmosfera possível de trabalho.

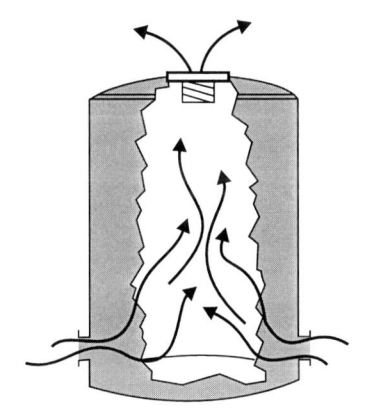

Figura 3.14 - Exaustão mecânica em gases mais leves que o oxigênio.

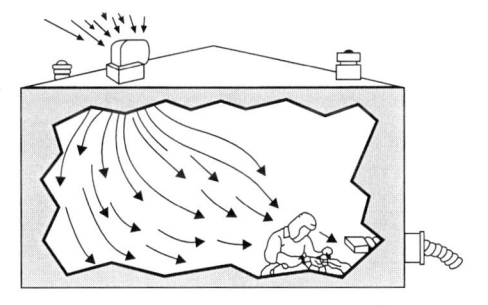

Figura 3.15 - Insuflação e exaustão mecânica.

3.3 Equipamentos Utilizados em Espaços Confinados

3.3.1 Ventiladores

Ventiladores são os equipamentos destinados a renovar o ar em um ambiente. Nos trabalhos em espaço confinado, são responsáveis pela movimentação do ar.

Existem dois tipos de ventilador, sendo os axiais e os centrífugos.

Os axiais consistem basicamente em uma hélice presa a um motor, montada em armação apoiada por suportes. A posição das hélices determina o desempenho desses ventiladores, que podem ser axial propulsor, Figura 3.16, axial comum, Figura 3.17, e axial tubo, Figura 3.18.

Insuflação e Exaustão Mecânica

Esse tipo de ventilação é utilizado quando se deseja eliminar algum foco de contaminante (toxina ou gás explosivo etc.) em um local específico do espaço confinado. É importante lembrar que a "boca" do exaustor deve estar direcionada para fora do espaço confinado, conforme mostra a Figura 3.15. Em uma atividade de solda, observa-se que as toxinas da solda são direcionadas para o exterior.

Veja que o exaustor local é posicionado em frente à região da solda, captura os fumos metálicos (toxinas) da solda e exala-os do ambiente.

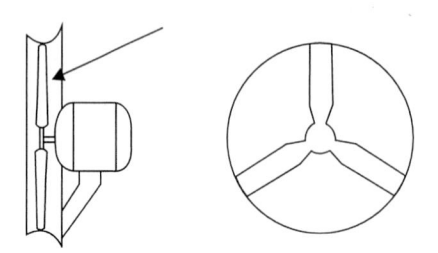

Figura 3.16 - Ventilador axial propulsor.

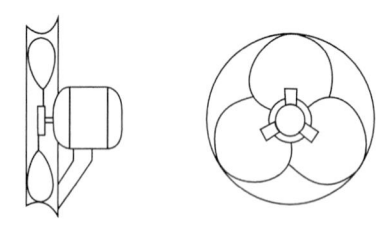

Figura 3.17 - Ventilador axial comum.

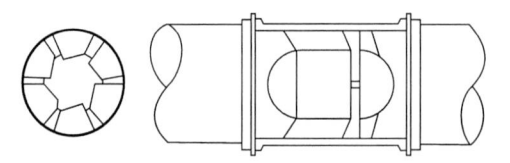

Figura 3.18 - Ventilador axial tubo.

Os centrífugos consistem em um motor com rotor de palhetas e uma carcaça de conversão. O ar entra no centro das palhetas do rotor e é arremessado por elas na carcaça de conversão. É um ventilador que possui alta eficiência e é muito silencioso.

Podem ser centrífugos de pás para trás, Figura 3.19, centrífugos de pás radiais, Figura 3.20, e centrífugos de pás para frente, Figura 3.21.

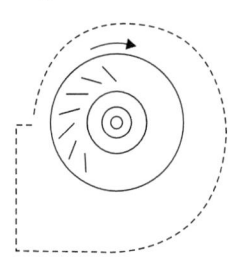

Figura 3.19 - Ventilador centrífugo de pás para trás.

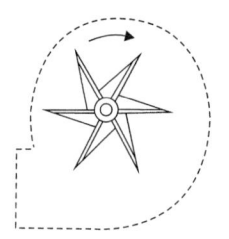

Figura 3.20 - Ventilador centrífugo de pás radiais.

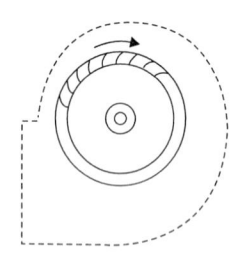

Figura 3.21 - Ventilador centrífugo de pás para frente.

3.3.2 Respiradores

São equipamentos cujo objetivo é auxiliar na respiração e na purificação do ar no momento da respiração. Os respiradores são classificados em:

a) Purificador de ar;
b) Suprimento de ar.

3.3.2.1 Purificador de Ar

Os purificadores são utilizados para filtrar ou remover contaminantes do ar. Existem três tipos de purificadores de ar:

a) Removedor particular;
b) Removedor de gás e vapor;
c) Removedor combinado.

Nas atividades em espaços confinados, os purificadores constam de vedação rígida e devem ser utilizados quando:

a) A atmosfera estiver com oxigênio em níveis abaixo do valor mínimo.
b) Quando for identificada a contaminação no ambiente (toxinas).

Entretanto, deve ser muito bem observado que o valor da contaminação não pode exceder as limitações do filtro dos respiradores.

Os respiradores purificadores possuem uma vedação rígida. Antes de o trabalhador utilizá-los, sempre deve testar essa vedação.

Como exemplo podem ser citadas as máscaras descartáveis, Figura 3.22, e os purificadores que necessitam de substituição do elemento filtrante, Figura 3.23.

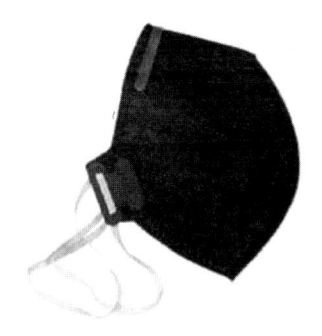

Figura 3.22 - Respirador removedor de partículas.

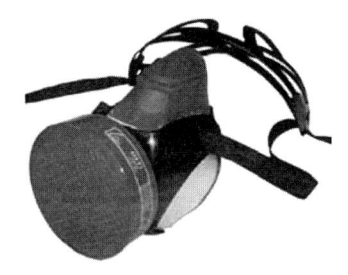

Figura 3.23 - Respirador removedor de gases o vapores.

3.3.2.2 Suprimento de Ar

É um equipamento empregado em atividades de espaços confinados cuja atmosfera possui condições IPVS, com o objetivo de fornecer ar respirável.

O suprimento de ar está dividido em:
a) Equipamento de proteção respiratória autônomo;
b) Fornecedor de ar mandado (linha de ar).

É importante destacar que qualquer um desses sistemas que venha a ser utilizado com máscara panorâmica não pode ser usado por trabalhador que tenha barba, pois a máscara impede a correta vedação.

- A máscara panorâmica permite adaptar-se a qualquer situação dentro de espaços confinados, proporcionando a visão ampla, bem como a proteção facial e respiratória contra partículas e para a maioria dos gases e vapores.

Equipamento de Proteção Respiratória Autônomo

Os equipamentos de proteção respiratória autônomos ou respiradores de ar autônomos, Figura 3.24, recebem ar de uma fonte externa através de uma mangueira até a máscara "respirador".

É importante observar sempre a presença de pressão positiva na máscara, assim é garantido que contaminantes do espaço confinado não entrarão em contato com as vias respiratórias do trabalhador.

Ao escolher esse tipo de equipamento, devem ser consideradas duas desvantagens em relação a outros métodos ou equipamentos: o volume de oxigênio que limita o tempo de permanência devido ao esgotamento do ar e o peso do cilindro que expoe o trabalhador a riscos ergonômicos.

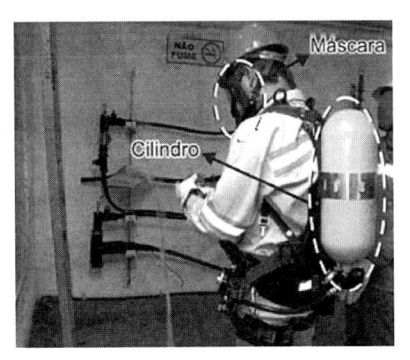

Figura 3.24 - Equipamento de proteção respiratória autônomo.

Fornecedor de Ar Mandado (Linha de Ar)

O fornecedor de ar mandado é muitíssimo parecido com o de ar autônomo, com uma exceção: não existe o cilindro de oxigênio autônomo. Ele possui a máscara, a mangueira e, em vez do cilindro portátil, tem um compressor ou uma unidade fornecedora de ar, Figura 3.25, que se localiza externamente ao espaço confinado.

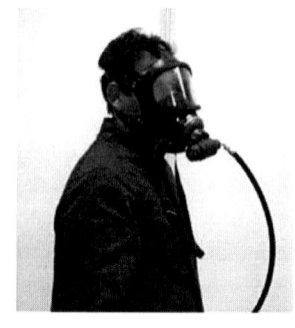

Figura 3.25 - Fornecedor de ar mandado.

Vale lembrar a necessidade de observar a presença de pressão positiva na máscara, assim é garantido que contaminantes do espaço confinado não entrem em contato com as vias respiratórias do trabalhador.

Tem a vantagem de um fornecimento ilimitado de ar e a desvantagem quanto à locomoção devido à mangueira (comprimento), quando comparado com o sistema de ar autônomo.

Recomenda-se que nesse sistema o trabalhador sempre possua um pequeno cilindro de oxigênio reserva, para que, devido ao extenso comprimento da mangueira ou qualquer problema com o compressor, o trabalhador possa recorrer ao cilindro.

3.3.3 Equipamentos em Atmosferas Inflamáveis

Antes de entrar em um espaço confinado, deve-se avaliar a área pela medição. Constatando que possui atmosfera explosiva, deve-se tomar as ações necessárias para reduzir o risco para nível zero de LIE (Limite Inferior de Explosividade).

Nem sempre é possível chegar ao nível de zero LIE. Nessa situação, é preciso tomar outras ações referentes à utilização de equipamentos considerados intrinsicamente seguros, como:

a) Equipamentos e ferramentas não faiscantes;
b) Equipamentos à prova de explosão;
c) Equipamentos eletricamente intrínsecos.

3.3.3.1 Equipamentos e Ferramentas não Faiscantes

São equipamentos e ferramentas especiais que não produzem faísca durante a utilização, Figura 3.26, geralmente feitos de bronze ou ligas de cobre berílio. Embora sejam conhecidos como não faiscantes, na prática podem produzir alguma faísca, no entanto são de tão baixa intensidade que não apresentam possibilidade de ignição.

Figura 3.26 - Equipamento intrinsicamente seguro (não faiscante).

3.3.3.2 Equipamentos à Prova de Explosão

Possuem características construtivas especiais (blindagem), como indica a Figura 3.27, as quais permitem o funcionamento em atmosferas explosivas.

Esse tipo de equipamento possui duas características básicas:
a) Suporta a pressão de determinada explosão resultante de uma ignição interna.
b) Possui vedação suficiente para impedir penetração ou vazamento de gases com a parte externa ou com as partes elétricas.

Figura 3.27 - Luminária à prova de explosão.

3.3.3.3 Equipamentos Elétricos Intrinsecamente Seguros

São equipamentos que produzem faísca e/ou calor, incapazes de inflamar ou explodir um ambiente com concentrações de gases acima dos níveis LIE e inferiores aos níveis LSE.

Exemplos de equipamentos intrinsecamente seguros são os instrumentos que detectam os gases em espaço confinado, Figura 3.28.

Figura 3.28 - Detector de gás.
Fonte: Catálogo General Instruments

3.3.4 Equipamentos Fixos e Portáteis

É importante observar a recomendação da norma quanto à utilização dos equipamentos fixos ou portáteis de comunicação e de movimentação vertical e horizontal. Eles devem ser adequados ao espaço e à tarefa a ser executada dentro dos espaços confinados, conforme estabelece o item 33.3.2.1 da NR-33.

> *33.3.2.1 Os equipamentos fixos e portáteis, inclusive os de comunicação e de movimentação vertical e horizontal, devem ser adequados aos riscos dos espaços confinados.*

3.3.4.1 Equipamento de Comunicação

Em espaço confinado a comunicação é essencial, principalmente no momento do resgate para que ocorra de forma correta. A perfeita comunicação é extremamente difícil, devido ao local de trabalho e à possível utilização de respiradores, por exemplo.

A comunicação entre o vigia e o trabalhador que está no espaço confinado deve ser constante. A equipe (vigia e trabalhador) deve criar uma metodologia de comunicação, ou seja, deve ter um critério, uma sistemática.

Comumente se utilizam rádios de comunicação, embora não seja o ideal. A utilização de comunicadores depende da atmosfera de trabalho. Quando o trabalhador estiver em espaço confinado utilizando respirador, aconselha-se que utilize o monofone.

Em algumas situações, o cabo de segurança (linha de vida) pode ser usado para emitir sinais entre o trabalhador e o vigia; até mesmo a utilização de um simples apito é válida como medida alternativa de controle da comunicação.

Independentemente do equipamento, é preciso estar muito atento à atmosfera em que é efetuado o trabalho, pois se trata de uma atmosfera com potencial de explosão.

O equipamento eletrônico de comunicação, seja rádio, monofone, microfone, entre outros, deve ser intrinsecamente à prova de explosão.

Rádios Comunicadores

Em alguns casos, a comunicação visual adotada entre o vigia, executante(s) e a equipe de resgate não é suficiente, necessitando, desta forma, da implementação de rádios de comunicação, sendo vetada como medida de segurança contra incêndio e explosões a utilização de aparelhos celulares.

Os rádios comunicadores são alimentados por baterias, portanto é necessário verificar com o fabricante se ela possui características intrinsecamente seguras para evitar que se torne fonte de ignição.

Os rádios e os acessórios de comunicação empregados na atividade devem ter certificados como equipamentos únicos (não devem ser intercambiáveis e/ou utilizar peças de outros modelos e fabricantes). Caso sejam intercambiadas peças de fabricantes diferentes, a aprovação do equipamento como intrinsecamente seguro é invalidada. Para a garantia da segurança dos trabalhadores, as peças de fabricantes diferentes não devem ser usadas como forma de reposição, salvo alguns acessórios fabricados com certificados independentes e indicados para diversos modelos de rádio.

Não é sempre que os rádios comunicadores, Figura 3.29, asseguram uma boa comunicação, seja por não possuírem alcance suficiente ou devido às características construtivas do ambiente (galeria de telefonia ou esgoto, túnel, tubulação, entre outros), que não disponibiliza frequência com alcance suficiente. É interessante verificar isso no momento da emissão da APR.

Figura 3.29 - Rádios comunicadores.

Intercomunicador (Monofone)

O monofone, Figura 3.30, é um aparelho que reúne o transmissor e o comunicador em um único "fone". Preferencialmente deve ser instalado de maneira que, quando o trabalhador exalar ao falar, a válvula de exalação do respirador fique parcialmente aberta, e ao acionar manualmente, o comunicador será capaz de transmitir informações ao vigia. Quando o trabalhador não estiver falando, será capaz de receber informações do vigia.

Figura 3.30 - Intercomunicador (monofone).

Apitos e Corneta de Ar

Em se tratando de comunicação a ser adotada pela equipe de atuação em espaço confinado, o sistema sonoro por apitos e/ou corneta de ar, Figura 3.31, pode ser utilizado pela empresa na impossibilidade de adoção de rádio comunicador.

Normalmente os apitos são eficazes e de custo acessível para a comunicação entre o vigia e a equipe de trabalho, e as cornetas são usadas como alarme em situação de emergência.

Figura 3.31 - Apitos e cornetas.

3.3.4.2 Equipamentos de Movimentação Vertical e Horizontal

São equipamentos empregados para acesso, movimentação e resgate dos trabalhadores no interior de espaços confinados. Eles devem garantir ao trabalhador três condições básicas. São elas:

a) Fácil movimentação, conforme a NR-18, item 18.12.5;
b) Proteção contra quedas por meio de dispositivos trava-quedas, conforme a NR-6, anexo I, item I.1;
c) Rápido e fácil resgate.

Equipamentos de Movimentação Vertical

São utilizados para facilitar o acesso do trabalhador ao interior dos espaços confinados, como escadas e guinchos empregados em alguns serviços constantes ou em resgate de trabalhadores em situação de emergência.

Esses equipamentos podem ser instalados em conjunto com polias, roldanas e cordas com a finalidade de reduzir o esforço quando da descida e/ou içamento do trabalhador.

O equipamento adequado deve ser usado após uma verificação prévia do ambiente do espaço confinado.

Escadas

De acordo com a característica do espaço confinado, podem ser instalados equipamentos fixos, Figura 3.32, como escadas e cabos de linha de vida, fixados na estrutura existente.

Figura 3.32 - Escada fixa e corda de linha de vida.

Na maioria dos casos, no ambiente torna-se inviável a utilização das escadas fixas, necessitando de equipamentos móveis para proporcionar entrada e saída dos trabalhadores, Figura 3.33.

Figura 3.33 - Escadas móveis.

Guincho

É um equipamento auxiliar utilizado em espaços confinados destinados à movimentação vertical do trabalhador, quando no local não é possível usar escadas ou em situações de emergência.

Sua função é amenizar a carga ou o peso do trabalhador quando da descida ou içamento. Esse dispositivo é instalado em equipamentos de sustentação constituídos de estrutura em alumínio de alta resistência, reguláveis para que seja estabelecida a altura mínima de acesso e/ou resgate do trabalhador, podendo ser encontrado nas configurações de tripé e monopé.

Em alguns casos, para melhor conforto do trabalhador, é adicionada uma cadeira suspensa, Figura 3.34, que pode transportar, além do trabalhador, uma carga cuja soma total não ultrapasse 100 quilos, conforme a norma NBR 14751 da ABNT (Cadeira Suspensa - Especificações e Métodos de Ensaio).

O suporte de ombros (trapézio) é usado em locais com pouca profundidade e pequenas dimensões. Na utilização para resgate, esse equipamento pode ocasionar desconforto ao acidentado, Figura 3.35.

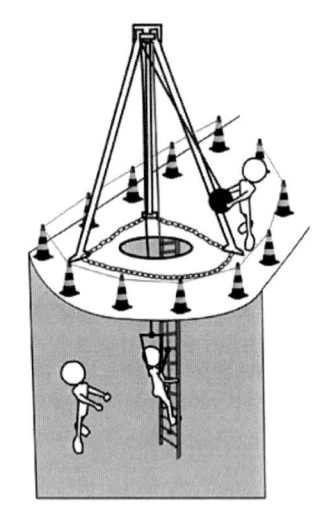

Figura 3.35 - Suporte de ombros (trapézio).

Cabos de Aço, Corda e Fitas

Para a escolha de cabo de aço, corda ou fitas para trabalhos e/ou resgates em espaço confinado, deve-se considerar a atmosfera do ambiente. Se nessa atmosfera houver risco de explosão, deve-se utilizar corda sintética ou fita. Caso seja necessária a utilização de cabo de aço, Figura 3.36, ele deve ser com revestimento sintético, Figura 3.37.

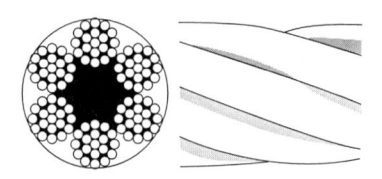

Figura 3.36 - Cabo de aço não revestido.

Figura 3.34 - Guincho com cadeira suspensa.

Figura 3.37 - Cabo de aço revestido.

Tripé e Monopé

Os tripés, Figura 3.38, e o monopé devem ser montados na área externa do espaço confinado, facilitando a entrada e a saída do trabalhador de forma rápida e segura em situações normais ou de emergência. Na utilização desses equipamentos, é preciso avaliar os seguintes aspectos:

a) Capacidade de peso que o equipamento suporta.
b) Diâmetro da entrada para que possa ser instalado.
c) Necessidade ou não do guincho, Figura 3.39.

Figura 3.38 - Tripé.

Figura 3.39 - Tripé com guincho.

Outros Equipamentos

Existem também outros equipamentos que são utilizados em trabalhos e/ou resgates em espaço confinado. Relacionamos em seguida alguns deles:

a) **Blocantes:** utilizados para travar a corda e também para ascensão.
b) **Chapeleta:** usada para que se faça a ancoragem.
c) **Cintas de ancoragem ou talabartes:** equipamentos que se fixam aos cintos de segurança e/ou à estrutura para prender o trabalhador em caso de um deslize ou queda.
d) **Cintos de segurança:** o trabalhador o veste para fixar os equipamentos de ancoragem e evitar sua queda. Em atividade que envolve altura, é obrigatório o do tipo paraquedista.
e) **Descensores:** utilizados para descidas.
f) **Freio oito:** empregado nas descidas.
g) **Macas e pranchas:** para imobilização e transporte de vítimas.
h) **Malha rápida:** para fixar cordas no trabalhador.
i) **Mosquetão:** para fixar cordas no trabalhador.

Equipamentos de Movimentação Horizontal

Utilizados para facilitar a movimentação e o resgate de trabalhadores em espaços confinados com acesso horizontal. Para que seja viabilizada essa atividade, é necessário o uso de equipamentos como:

a) Polias para a redução de força e/ou mudança de direção;
b) Catracas para movimentação de cargas com peso elevado;
c) Cordas;
d) Cabo de aço;
e) Linha de vida.

3.3.5 Detectores Multigás

São instrumentos de leitura contínua utilizados para identificar gases nocivos[1] e alertar o trabalhador envolvido em atividades em espaço confinado, de forma imediata, quando esses gases estiverem na atmosfera, Figura 3.40.

Os aspectos complementares ligados à operação e calibração de um equipamento são abordados no Apêndice F.

Figura 3.40 - Detector de gases para oxigênio, gases tóxicos e inflamáveis.
Fonte: Catálogo da General Instruments

O emprego de equipamentos para análise e detecção de gases no interior dos espaços confinados é uma das medidas conhecidas para garantia da saúde e integridade física do trabalhador, pois determina a concentração de gases ou vapores tóxicos e/ou inflamáveis presentes, ou que possam se desenvolver no ambiente, bem como o enriquecimento ou empobrecimento de oxigênio.

---

[1] O cloro em sua forma gasosa possui efeitos nefrotóxicos prejudiciais ao ser humano. Além de ser utilizado como desinfetante, oxidante e branqueador, também é empregado para tornar a água potável, contudo esse halogênio forma numerosos sais obtidos a partir de cloretos por processo de oxidação. Pela facilidade de combinação com a maior parte dos elementos químicos, não é detectado pela maioria dos equipamentos portáteis nacionais e importados. Por ser um gás muito pesado, é muitas vezes absorvido pela maioria dos materiais, por essa razão os sensores de cloro não são considerados eficientes.

As avaliações dos resultados obtidos nos testes devem ser comparadas com os critérios técnicos definidos pela NR-15 e seus anexos. Na falta de legislação específica para determinação do padrão de comparação do agente encontrado, devem-se adotar parâmetros e critérios internacionais.

Para a garantia de saúde e segurança do trabalhador, os critérios de comparação devem seguir os padrões mais restritivos especificados em normas ou definidos pelo empregador (normas internas).

O mercado disponibiliza os seguintes sensores de detecção de gases: oxímetros, explosímetros e detector de gases tóxicos.

3.3.5.1 Detector de Oxigênio (Oxímetros)

Trata-se de um equipamento de detecção do oxigênio atmosférico com finalidade de indicar o percentual de oxigênio na concentração normal do ar respirável. O valor indicado por norma é 21% de O_2 no ambiente em que o trabalhador executará as atividades.

Os oxímetros encontrados no mercado são compactos, têm visor de fácil leitura e iluminação de fundo necessária para garantir leituras corretas em caso de deficiência de iluminação. Possuem dispositivos sonoro e vibratório que são acionados automaticamente em condições de perigo. Salientamos que esse tipo de equipamento deve possuir certificações para as áreas classificadas com garantias de segurança intrínsecas.

3.3.5.2 Detector de Gases Explosivos (Explosímetros)

O explosímetro é utilizado na detecção de gases ou vapores combustíveis existentes no ambiente.

As características dos explosímetros são semelhantes às dos oxímetros encontrados no mercado. Constituem-se de equipamentos compactos e visor de fácil leitura, com iluminação de fundo necessária para garantir leituras corretas em caso de deficiência de iluminação. Possuem dispositivos sonoro e vibratório que são acionados automaticamente em condições de perigo.

Da mesma forma que os oxímetros, esse tipo de equipamento deve possuir certificações para as áreas classificadas com garantias de segurança intrínsecas.

3.3.5.3 Detector de Gases Tóxicos

As concentrações de gases tóxicos desenvolvidos ou que possam surgir em espaço confinado devem ser monitoradas, para assegurar que os limites de tolerância de exposição estabelecidos pela NR-15 e padrões mais restritivos sejam respeitados, não chegando a concentrações que provoquem intoxicações agudas ou doenças.

São disponibilizados no mercado vários tipos de sensores de detecção de gases tóxicos, constituindo-se em equipamentos compactos que monitoram e exibem simultaneamente até cinco tipos de gases atmosféricos por meio de sensores eletroquímicos individuais (Compostos Orgânicos Voláteis - VOCs). Possuem visor de fácil leitura com iluminação de fundo necessária para garantir leituras corretas em caso de deficiência de iluminação, além de dispositivos sonoro e vibratório que são acionados automaticamente em condições de perigo.

No equipamento disponibilizado pela empresa General Instruments é apresentado o seguinte procedimento para a garantia de utilização e segurança dos trabalhadores:

"*Durante o teste, certifique que seu aparelho esteja funcionando corretamente, seguindo as recomendações a seguir para o*

BUMP TEST do equipamento apresentado na Figura 3.40:

a) *Adquira um cilindro com gás padrão de acordo com o sensor do detector (exemplo: H_2S, CH_4, CO, O_2).*

b) *Faça uso de gás padrão, reconhecido, para que seu equipamento esteja confiável; não basta zerar em área limpa, porque quando se faz ZERO em área limpa, está-se simplesmente ZERANDO A ELETRÔNICA, para garantir uma resposta confiável.*

c) *Utilize um software para a detecção dos gases.*

d) *Zere o seu instrumento em atmosfera de ar fresco e isento de gases ou vapores.*

A seguir, um passo a passo do teste:

a) *Pegue o detector e certifique que esteja com a bateria carregada, depois ligue o detector em uma área limpa e faça um autozero no detector, para tirar os espúrios da eletrônica.*

b) *Feito isso, verifique o range do gás padrão no cilindro a ser usado (exemplo: H_2S e range de 25 PPM, CH_4 e range de 50% do LEL etc.).*

c) *Se o range do gás já estiver ajustado no CALL LEVEL do detector, é só passar o gás.*

Para passar o gás:

a) *Ligar o detector de gás, em seguida colocar o "flow cover" da bomba onde se confinam os sensores e fechar bem.*

b) *Passar uma chave magnética (ímã) na parte superior do detector para desligar a bomba.*

c) *Quando o gás passa a chave magnética frontal, aparece no display uma mensagem de teste de sensor. Também aparecem os quatro sensores com um X em cada sensor. Conforme vai passando o gás, no lugar do X aparece um visto. Se permanecer o X, indica que o sensor não responde satisfatoriamente.*

d) *Não respondendo satisfatoriamente, pode ser por: a. Sensor danificado; b. Sensor fora de ajuste; c. Sensor vencido etc.*

e) *Quando o gás não passa no BUMP TEST, deve ser feito o ajuste do sensor, e para fazer esse ajuste só conectando o detector ao PORTABLE PC."*

3.3.6 Riscos Existentes nos Espaços Confinados

De acordo com as diretrizes da Norma Regulamentadora NR-9, o empregador deve elaborar e implementar medidas de antecipação, reconhecimento, avaliação e, consequentemente, controle dos riscos existentes ou que venham a existir no ambiente de trabalho.

Uma das atribuições dos componentes da Comissão Interna de Prevenção de Acidentes (CIPA) determinada pela Norma Regulamentadora NR-5 é a elaboração do mapa de risco do ambiente de trabalho.

Vários riscos são encontrados em espaços confinados, os quais são apresentados em seguida.

3.3.6.1 Riscos Ambientais

Em espaço confinado o perigo está sempre presente, uma vez que essas áreas não foram construídas para permanência do trabalhador. Esses riscos são identificados nas NRs. Exemplificaremos os cinco grupos de riscos à integridade e saúde dos trabalhadores, quando expostos ao espaço confinado.

Riscos ambientais são aqueles que existem nos locais de trabalho com potencial de causar danos à saúde e integridade física do trabalhador se ultrapassados os limites de tolerância de exposição, concentração ou intensidade. São os agentes físicos, químicos, biológicos, ergonômicos, mecânicos e acidentes.

Em espaço confinado é possível encontrar um ou mais deles, conforme a sua natureza. Possuem um padrão de cores para melhor identificação, Tabela 3.1.

Tabela 3.1 - Grupos de riscos ambientais.

Grupo 1 Verde	Grupo 2 Vermelho	Grupo 3 Marrom	Grupo 4 Amarelo	Grupo 5 Azul
Riscos físicos	Riscos químicos	Riscos biológicos	Riscos ergonômicos	Risco de acidentes
Ruídos	Neblinas	Fungos	Imposição de ritmos excessivos	Iluminação inadequada
Frio	Poeiras	Vírus	Esforço físico intenso	Arranjo físico inadequado
Calor	Gases	Parasitas	Trabalho em turno e noturno	Probabilidade de incêndio
Vibrações	Vapores	Bacilos	Levantamento e transporte manual de peso	Máquinas e equipamentos sem proteção
Umidade	Fumos	Bactérias	Monotonia e repetitividade	Armazenamento inadequado
Radiações ionizantes	Substâncias compostas ou produtos químicos em geral	Protozoários	Situações de estresse	Animais peçonhentos

Grupo 1 Verde	Grupo 2 Vermelho	Grupo 3 Marrom	Grupo 4 Amarelo	Grupo 5 Azul
Riscos físicos	Riscos químicos	Riscos biológicos	Riscos ergonômicos	Risco de acidentes
Radiações não ionizantes	Névoas		Exigência de postura inadequada	Ferramentas inadequadas ou defeituosas
Pressões anormais			Controle rígido de produtividade	Outras situações de risco

Os riscos de danos à saúde e à integridade física do trabalhador estão associados a atividades, procedimentos, projetos, instalações, máquinas e equipamentos.

Para reduzir sua frequência, é preciso avaliar e controlá-los, planejando atividades de acordo com as normas de segurança. Medidas de controle são estabelecidas em função da identificação e da avaliação dos riscos, por meio de técnicas que contribuam para reduzi-los a níveis aceitáveis.

Apresentamos a seguir a classificação desses riscos:

- **Riscos físicos:** são as diversas formas de energia a que os trabalhadores estão expostos, ocasionando consequências danosas ao organismo, estabelecidos na NR-9 e NR-15 da Portaria 3214/78 do MTE.

Podemos resumir os riscos físicos e os seus efeitos nocivos ao trabalhador, caso as medidas de controle, individual ou coletiva, não sejam adotadas de forma adequada:

a) **Ruído:** de acordo com o nível de pressão sonora, tempo de exposição e sensibilidade individual, os efeitos nocivos podem ser irreversíveis. Como medida de controle, o isolamento acústico e protetores auriculares são empregados para atenuar seus efeitos.

A exposição do trabalhador de forma contínua a níveis de ruído pode causar cansaço, irritação, dores de cabeça, diminuição da audição, aumento da pressão arterial, problemas do aparelho digestivo, taquicardia e perigo de infarto.

b) **Calor:** grande parte dos ambientes de trabalho oferece condições apropriadas para sobrecarga térmica, que provoca reações fisiológicas como sudorese intensa, aumento da frequência das pulsações e aumento da temperatura interna do corpo, tendo por consequência no trabalhador fadiga, diminuição da percepção, diminuição do raciocínio e perturbações psicológicas que levam ao esgotamento.

Com o tempo de exposição, essa sobrecarga térmica pode provocar danos à saúde do trabalhador com reflexos nos sistemas circulatório e endócrino. Alguns processos de trabalho aliados ao arranjo físico deficiente, pé-direito muito baixo e ausência de elementos para ventilação natural ou artificial tornam o ambiente de trabalho impróprio, sendo necessária a adoção de medidas de controle.

A utilização de lentes de contato por trabalhador envolvido em atividades de fornos, soldas, eletricidade e outras com emissão de radiação e arco voltaico é considerada proibitiva, pois pode causar danos irreversíveis à visão.

c) **Radiação ionizante:** são ondas eletromagnéticas ou partículas que se propagam com uma determinada velocidade, contendo energia, cargas elétrica e magnética. São riscos físicos medíveis, considerados críticos pelo dano genético que podem causar às pessoas, embora benéficos na cura de alguns tumores cancerígenos, preservação de alimentos, esterilização de equipamentos médicos etc. Os operadores de raios X e soldadores que não fazem uso da proteção adequada podem ficar expostos a sérios problemas nos órgãos internos.

Alterações celulares, câncer, fadiga, problemas visuais e acidentes de trabalho são algumas consequências da exposição a esse risco, portanto o trabalhador deve adotar medidas como barreiras de proteção e EPIs para minimizar a exposição.

d) **Pressões anormais:** esse risco é atribuído às atividades de mergulho. Devem ser respeitados os tempos de mergulho e despressurização compatíveis com as condições de trabalho. Trabalhadores expostos a esse risco podem ter dores de cabeça, náusea, asfixia, embolia, desmaio e correr perigo de morte.

e) **Radiação não ionizante:** energia do tipo infravermelho encontrada em atividades realizadas na operação de fornos e soldagem oxiacetilênica e ultravioleta, verificada em atividades de solda elétrica que podem causar lesões na pele, problemas visuais e queimaduras. Como medida de controle e proteção são empregadas barreiras e reduz-se o tempo de exposição do trabalhador.

f) **Vibrações:** movimentos oscilatórios de um corpo formado por componentes rotativos ou alternados. Dividem-se em localizadas, que têm como agente causador o contato direto com ferramentas manuais ou elétricas pneumáticas, e as de corpo inteiro, cujo agente causador são cabines de caminhão, ônibus e tratores, pontes guindastes, entre outros.

Como medida de controle há somente a redução do tempo de exposição, pois não existem EPCs ou EPIs para minimizar o risco.

g) **Frio:** a exposição ao frio pode se dar em trabalhos ao ar livre em climas frios ou em ambientes fechados climatizados. As consequências da exposição do trabalhador ao frio podem ser cãibras, geladura, queimaduras, hipotermia, choque térmico, falta de coordenação motora, entre outras. Como medidas de proteção torna-se obrigatório usar roupas protetoras e reduzir o tempo de exposição.

h) **Umidade:** risco existente em atividades realizadas em locais alagados, Figura 3.41, ou com grande umidade. Ocasionam doenças do aparelho respiratório, quedas, doenças da pele e circulatórias etc. Devem ser adotadas roupas protetoras, calçados impermeáveis e, em alguns casos, proteção respiratória.

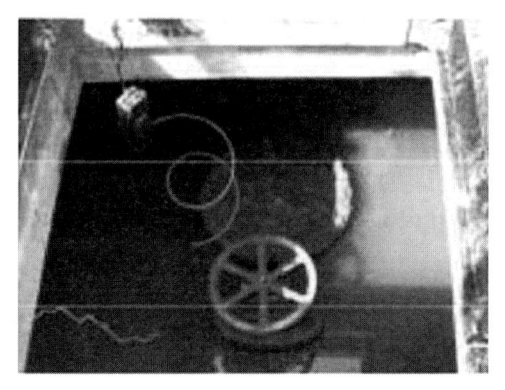

Figura 3.41 - Ambiente úmido.

- **Riscos químicos:** são classificados em seis tipos de contaminantes presentes no ambiente de trabalho, citados na NR-9 e na NR-15 como gases, vapores, fumos metálicos, fumaças, poeiras e neblinas.

A contaminação se dá pelas seguintes vias de penetração:
a) Cutânea, em que há o contato direto com a substância. A contaminação se dá pela pele.
b) Digestiva, quando há ingestão direta de substância ou indireta pelo consumo dos alimentos contaminados.
c) Respiratória, considerada a via mais rápida de acesso dos contaminantes para o organismo, que se utiliza do sistema circulatório para alcançar vários órgãos vitais.

Os efeitos da exposição dependem diretamente da concentração e do tempo de exposição:
a) Na exposição imediata ou aguda, esses agentes podem provocar rinite, faringite, laringite, coriza, espirro, tosse e irritação nas vias superiores.
b) Nas vias inferiores podem provocar bronquite, broncopneumonia e edema pulmonar.

Esses riscos químicos não controlados podem trazer aos trabalhadores expostos em espaço confinado sérias consequências, como pode ser visto na Tabela 3.2.

Tabela 3.2 - Riscos químicos.

Riscos químicos	Consequências
Poeiras	As minerais têm como consequências silicose e asbestose. As vegetais trazem como consequências bissinose e bagaçose. As alcalinas trazem como consequências enfisemas pulmonares.
Fumos metálicos	Intoxicação específica de acordo com o metal, febre dos fumos metálicos, doenças pulmonares obstrutivas.
Névoas, neblinas, fumaças, gases e vapores	Irritação das vias aéreas superiores. As substâncias que podem ser encontradas nesse tipo de risco são: ácido clorídrico, soda cáustica, ácido sulfúrico, entre outros. Asfixiantes causam dor de cabeça, náuseas, sonolência, convulsões, coma e morte. Podem ser encontrados em hidrogênio, nitrogênio, hélio, acetileno, metano, dióxido de carbono, monóxido de carbono etc.
Outros produtos químicos em geral	Anestésicos, com ação depressiva sobre o sistema nervoso, danos aos diversos órgãos, ao sistema formador do sangue. Podem ser encontrados no butano, propano, aldeídos, cetonas, cloreto de carbono, tricloroetileno, benzeno, tolueno, alcoóis, percloroetileno, entre outros.

- **Riscos biológicos:** são os riscos existentes em função das características peculiares de algumas atividades em que há contato com certos microrganismos estabelecidos nas NR-9 e na NR-15, Tabela 3.3, como, por exemplo, coleta de lixo, ambulatórios e laboratórios de análise, redes de esgoto, tratamento de efluentes, câmeras subterrâneas de eletricidade.

Eles podem ingressar no organismo pelas vias cutânea, digestiva e respiratória, como bacilos, bactérias, fungos, protozoários, parasitas e vírus. A exposição a esse agente tem como consequências tuberculose, intoxicação alimentar, brucelose, malária, febre amarela etc. As medidas preventivas incluem controle médico, higiene do local do trabalho, utilização de roupas adequadas, proteção individual e coletiva e vacinas.

Tabela 3.3 - Riscos biológicos.

Riscos biológicos	Consequências
Bactérias	Hanseníase, tuberculose, tétano, febre tifoide, pneumonia, difteria, cólera, leptospirose, disenterias.
Bacilos	Hanseníase, tuberculose, tétano, febre tifoide, pneumonia, difteria, cólera, leptospirose, disenterias.
Fungos	Alergias e micoses.
Protozoários	Malária, mal de Chagas, toxoplasmose e disenterias.
Vírus	Hepatite, poliomielite, herpes, varíola, febre amarela, hidrofobia (raiva), rubéola, AIDS, dengue e meningite.

- **Riscos ergonômicos:** conforme especificações da NR-17, são riscos relacionados ao processo e em função das características peculiares de algumas atividades em situações inadequadas, tais como postura inadequada, monotonia, trabalhos repetitivos que podem causar distúrbios psicológicos e fisiológicos, gerando sérios danos ao trabalhador em razão das alterações no organismo e no seu estado emocional.

Esses riscos podem comprometer a produtividade individual e coletiva, o relacionamento familiar e profissional, bem como causar danos à saúde em decorrência de atividades pesadas, ritmos excessivos, trabalho em turnos, conflitos, ansiedade e responsabilidade. Os sintomas de exposição a esses riscos mais comuns são apresentados na Tabela 3.4.

Tabela 3.4 - Riscos ergonômicos.

Riscos ergonômicos	Consequências
Esforço físico intenso	Cansaço, dores musculares, fraquezas, hipertensão arterial, úlceras, doenças nervosas, agravamento de diabetes, alterações do sono, alteração da libido, alterações da vida social com reflexos na saúde e no comportamento, aumento do número de acidentes, problemas na coluna vertebral, taquicardia, cardiopatia, agravamento da asma, tensão e cansaço excessivo tanto físico como mental, baixa qualidade de trabalho, aumento da incidência de erros, ansiedade, medo, entre outros.
Levantamento e transporte de peso	
Exigência de postura inadequada	
Controle rígido de produtividade	
Imposição de ritmos excessivos	
Trabalho em turno e noturno	
Jornada prolongada de trabalho	
Monotonia e repetitividade	
Outras situações causadoras de estresse físico e/ou psíquico	

- **Riscos de acidentes ou mecânicos:** envolvem os aspectos construtivos de uma edificação, arranjo físico inadequado, máquinas e equipamentos sem proteção, ferramentas inadequadas ou defeituosas, iluminação inadequada ou deficiente, eletricidade, probabilidade de incêndio ou explosão, animais peçonhentos, ausência de sinalização etc.

No espaço confinado é muito comum encontrar arranjo físico inadequado, pouca iluminação, por se tratar de uma área que não foi construída para que o trabalhador efetue suas atividades de forma contínua. Também é comum encontrar animais peçonhentos, dependendo do local.

Os riscos de acidentes podem trazer aos trabalhadores sérias consequências, como pode ser visualizado na Tabela 3.5.

Tabela 3.5 - Riscos mecânicos.

Riscos de acidentes	Consequências
Arranjo físico inadequado	Acidentes com equipamentos: colisões, batidas, quedas, entre outros. Acidentes com pessoas: cortes, prensamentos, choque elétrico, tropeções, queimaduras, quedas, fraturas etc.
Máquinas e equipamentos sem proteção	
Ferramentas inadequadas ou defeituosas	
Iluminação inadequada	
Eletricidade	
Probabilidade de incêndio ou explosão	
Dificuldade de comunicação com o exterior	
Armazenamento inadequado	
Outras situações de risco que podem contribuir com a ocorrência de acidentes	
Animais peçonhentos	Doenças transmitidas por animais, como insetos, roedores, cobras, aranhas, entre outros.

3.3.6.2 Riscos Atmosféricos

Riscos que estão relacionados à atmosfera que esse trabalhador vai respirar dentro do espaço confinado. Salientamos, portanto, que ele não pode contar com os sentidos para identificação desses riscos, pois para identificá-los, é necessário usar instrumentos. Os riscos podem ser:

a) Atmosfera pobre de oxigênio
b) Atmosfera rica em oxigênio
c) Atmosfera inflamável
d) Atmosfera tóxica

Os riscos atmosféricos indicam condições em que a atmosfera em um espaço confinado pode oferecer riscos ao local e expor os trabalhadores, podendo ocorrer perigo de morte, incapacitação, restrição da habilidade para autorresgate, lesão ou doença aguda causada por gases, vapores ou névoas inflamáveis, poeiras combustíveis e concentração de oxigênio atmosférico abaixo de 19,5%.

O ar limpo (ar respirável) contém outros gases além de oxigênio. A concentração de gases que compõem o ar atmosférico normal é apresentada em seguida:

- Contém em média 21% de oxigênio.
- Possui 78% de nitrogênio.
- Possui 1% distribuído pela composição de outros gases.

O ar prejudicial à saúde pode possuir:

a) **Deficiência de oxigênio:** atmosferas contendo menos de 19,5% de oxigênio.
b) **Enriquecimento de oxigênio:** atmosferas contendo mais de 23% de oxigênio.
c) **Gases e vapores combustíveis:** atmosferas que podem explodir ou inflamar se uma fonte de ignição estiver presente ou for introduzida no ambiente. Em LEL < 10% para gases combustíveis, utilizamos a concentração em percentual (%) do volume, no qual 1% corresponde a 10.000 ppm.
d) **Gases e vapores tóxicos:** atmosferas contendo contaminantes que, mesmo em baixas concentrações, podem causar danos sérios ou morte. Essa categoria inclui asfixiante simples e químico.

As unidades de medidas empregadas em relação a gases e vapores tóxicos são as seguintes:
a) **ppm (parte por milhão):** partes de poluentes por milhão de partes de ar respirado.
b) **mg/m³:** miligramas de gás por metro cúbico de ar que se respira. É uma unidade peso por volume.
c) **mg/l:** miligramas de gás por litro de ar.

Na Tabela 3.6 são apresentadas as consequências ao organismo relacionadas à concentração de oxigênio na atmosfera.

Tabela 3.6 - Consequências das exposições dos riscos atmosféricos.

Faixa porcentual de oxigênio	Consequências
0 a 6%	Coma e morte em poucos minutos.
6% a 10%	Náuseas, redução da força muscular e possível inconsciência e colapso enquanto consciente, mas sem possibilidade de socorro.
10% a 12%	Respiração rápida, pulsação acelerada, coordenação motora prejudicada, euforia e possível dor de cabeça.
12% a 16%	Fadiga, confusão mental, alteração da respiração e do estado emocional.
16% a 19,5%	Mal-estar e dor de cabeça para alguns casos.
19,5% a 23%	Faixa respirável - zona de segurança 23% a 100% - danos ao cérebro.
Acima de 23%	Risco de incêndio e hiperoxia (intoxicação por oxigênio).

Nota

São consideradas atmosferas IPVS (Impróprio para a Vida e Saúde) ambientes em que a concentração de oxigênio atmosférico é < que 19,5% e > que 23% em volume.

A diferença entre o ar que inalamos e o ar que exalamos são as suas composições; nesse processo transformamos 4% de oxigênio em dióxido de carbono. Em se tratando de espaço confinado em que a entrada e a saída de ar são restritas, a atmosfera pode tornar-se deficiente de O_2 devido à nossa própria respiração.

Outro fator de elevação do consumo de O_2 pelo trabalhador é decorrente do esforço físico necessário para a realização de algumas atividades no ambiente.

Atmosfera com Deficiência de Oxigênio

De forma geral, a deficiência de O_2 é considerada um risco associado à atividade em espaço confinado. Expor o trabalhador a ambientes com deficiência de O_2 pode prejudicar a coordenação motora e gerar fadiga, alteração da respiração e do estado emocional, euforia, possível dor de cabeça, náuseas e vômitos, incapacidade de realizar movimentos, inconsciência, parada respiratória e morte.

As situações que contribuem para o desenvolvimento da deficiência de O_2 em espaço confinado são:
a) Consumo devido à respiração dos trabalhadores;
b) Queima rápida por processo de soldagem ou lenta por processo de oxidação;
c) Decomposição de materiais orgânicos;
d) Vazamento de gás;
e) Combustão de equipamentos e máquinas;
f) Deslocamento do O_2 provocado por gases inertes.

Atmosfera Rica em Oxigênio

De forma geral, o enriquecimento de O_2 é considerado um risco associado à atividade em espaço confinado. Expor o trabalhador a ambientes com enriquecimento de O_2 pode provocar danos cerebrais devido à intoxicação por O_2 (hiperoxia).

Como visto anteriormente, a composição do ar que respiramos é a mistura de vários gases, como nitrogênio, O_2 e outros. O único gás requerido pelo nosso organismo não é absorvido na forma pura. Considerado tóxico a mais de 23% em volume, pode causar angústia, irritabilidade, alterações de comportamento, falta de reflexos, sensação de formigamento, vertigem, náuseas e ou vômitos, alteração visual e auditiva, taquicardia, contrações dos músculos faciais e convulsões que podem levar à morte.

Atmosfera Inflamável

São locais em que existem misturas inflamáveis e/ou explosivas presentes, inerentes a incêndio e explosão, definidos como áreas classificadas. Nesses locais devem ser implementadas técnicas de proteção contra riscos de incêndio e explosão para garantir níveis de segurança aceitáveis para as instalações.

Explosão é uma reação química entre um combustível, gás inflamável, um comburente, o oxigênio presente no ar e uma fonte de ignição, gerando combustão dos gases pelo processo de transformação por reação química em cadeia, ou seja, provocando a liberação de energia e o consequente deslocamento do ar.

Esse processo é decorrente da formação do tetraedro do fogo, Figura 3.42, formado pelos elementos essenciais para uma combustão: combustível, comburente e calor (fonte de calor), ocorrendo a reação em cadeia.

Em áreas classificadas, os equipamentos devem estar certificados ou possuir documento contemplado no âmbito do Sistema Brasileiro de Avaliação da Conformidade (INMETRO).

A classificação da área é definida pelo grau de risco de explosividade de cada local, sendo possível utilizar um estudo quantitativo demonstrado em histogramas de acompanhamento.

Essas recomendações estão definidas em normas, como, por exemplo, a IEC 79.10, a NFPA 70E e a ABNT NBR 14787.

Figura 3.42 - Representação do tetraedro do fogo.

Conforme a IEC, as áreas classificadas são definidas por zonas, conforme a Tabela 3.7.

Tabela 3.7 - Zona de risco em áreas classificadas. Fonte: Adaptada da IEC 79.10.

Classificação IEC	Zona 0 (gases)	Zona 1 (gases)	Zona 2 (gases)
Definição de zonas	Área onde a mistura explosiva ar/gás é contínua ou está presente por longos períodos.	Área onde é provável ocorrer uma mistura explosiva em operação normal.	Área onde é pouco provável ocorrer uma mistura explosiva em condições normais de operação e, se ocorrer, será por curto período.
Exemplo	Interior de vaso separador; superfície de líquidos inflamáveis em tanques etc.	Sala de peneira de lamas; respiro de tanque de processos.	Válvulas; flanges e acessórios de tubulação para líquidos ou gases inflamáveis.

Ambientes contendo equipamentos elétricos em espaço confinado aumentam a probabilidade de explosão devido às condições ambientais do local, como acúmulo de poeira, presença de umidade, elevação da temperatura, corrosão, impactos mecânicos, dificuldades de acesso para manutenção preventiva, entre outros.

As avaliações atmosféricas iniciais devem ser realizadas fora do espaço confinado.

É importante adotar medidas para eliminar ou controlar os riscos de incêndio ou explosão em trabalhos a quente, tais como solda, aquecimento, esmerilhamento, corte ou outros que liberem chama aberta, faíscas ou calor. A Figura 3.43 mostra acidentes decorrentes da falta de controle.

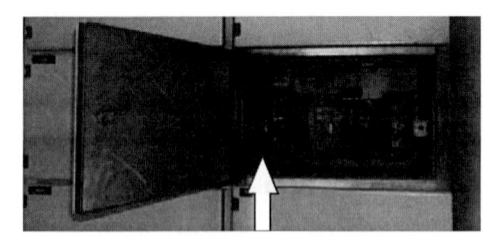

Figura 3.43 - Acidentes envolvendo atividades elétricas em ambientes com risco de explosão.

Limites de Explosividade

Uma atmosfera é considerada explosiva quando a proporção de concentração de gás, vapor ou pó (combustível) no ar (comburente) forma uma mistura que, em presença de uma fonte de ignição, provoca a explosão. Essa mistura de combustível e oxigênio que entrará em combustão é diferente para cada gás combustível específico. Este ponto crítico, definido como limite de explosividade, Figura 3.44, fica entre o Limite Inferior de Explosividade (LIE) e o Limite Superior de Explosividade (LSE).

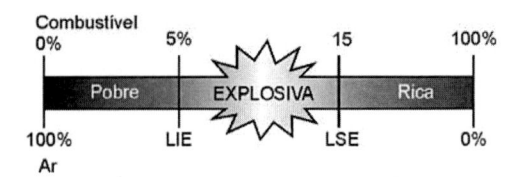

Figura 3.44 - Representação do limite de explosividade de um combustível.

A concentração de até 10% de LIE reduz a probabilidade de eventos (explosão) que possam afetar a integridade física do trabalhador que exerce atividades em áreas classificadas, embora muitas indústrias adotem padrão de concentração ZERO. Essa medida de controle interno se dá em função da alteração das condições atmosféricas existentes em algumas atividades desenvolvidas no interior dos espaços confinados.

Os valores de limites de explosividade, entre os quais a proporção de concentração de gás, vapor ou pó no ar que torna a mistura explosiva, são classificadas em:

- Limite Inferior de Explosividade (LIE)
 → Low Explosive Limited (LEL)
- Limite Superior de Explosividade (LSE)
 → Up Explosive Limited (UEL)

Limite Inferior de Explosividade (LIE)

É a concentração mínima de um gás ou vapor combustível em uma mistura com o ar atmosférico, podendo provocar explosão pela presença de faíscas, calor ou outras fontes de ignição.

A Figura 3.45 demonstra as concentrações superiores a 5% do Limite Inferior de Explosividade (LIE)[2] de um gás, vapor ou névoa inflamável.

---

2 A norma NBR 14787 determina que os serviços em ambientes confinados podem ser realizados até no máximo 10% do Limite Inferior de Explosividade (LIE): 10% do LIE = 0,5% volume de gás.

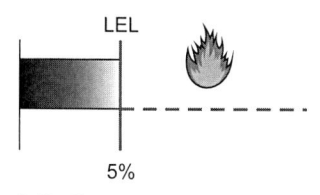

Figura 3.45 - Limite Inferior de Explosividade (LIE).

Limite Superior de Explosividade (LSE)

É a concentração máxima de gás ou vapor combustível que, em mistura com o ar atmosférico, pode provocar uma explosão pela presença de faíscas, calor ou outras fontes de ignição.

A Figura 3.46 representa as concentrações inferiores a 15% do Limite Superior de Explosividade (LSE) de um gás, vapor ou névoa inflamável.

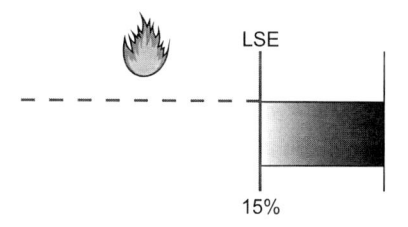

Figura 3.46 - Limite Superior de Explosividade (LIE).

A Tabela 3.8 apresenta os limites de explosividade de alguns gases e vapores.

Atmosferas Tóxicas

A atmosfera em um espaço confinado é considerada tóxica quando ocorre processo de deficiência de oxigênio e/ou concentração de produtos nocivos. Seus limites de exposição estão estabelecidos por normas de segurança para a preservação da vida do trabalhador. Quando esses limites são ultrapassados, as consequências podem ser intoxicações agudas, doenças ou fatalidades.

A atmosfera pode ou não ter componentes do ar respirável. Os elementos com concentração acima dos limites determinam a toxicidade da atmosfera, portanto estão classificadas conforme as seguintes definições:

- **Atmosfera IPVS:** imprópria para a vida e a saúde, pois pode trazer risco imediato à vida ou efeito debilitante à saúde.

Tabela 3.8 - Limites de explosividade de alguns gases e vapores.

Gás/vapor	Acetileno	Amônia	N_2 Nitrogênio	Metano	Monóxido de carbono	Propano	H_2S Gás sulfídrico	O_2 Oxigênio
Autoignição (°C)	305	630	-	537	605	470	260	não tem
Ponto de fulgor (°C)	gás	gás	gás	gás	gás	gás	gás	gás
LEL (vol. %)	1.5	15	não tem	5	12.5	2.0	4.3	não tem
UEL (vol. %)	100	17	não tem	15	74	9.5	45	não tem
Densidade (ar = 1)	0.9	0.59	0.967	0.55	0.97	1.56	1,189	1.1005

- **Atmosfera potencialmente perigosa:** trata-se dos locais de trabalho em que há possibilidade de uma atmosfera segura tornar-se de risco.

Substâncias Tóxicas

As substâncias tóxicas que normalmente existem em um ambiente confinado são gases ou pó fino em suspensão.

- Podem ser **irritantes**, como os agentes químicos de grande solubilidade que afetam as vias respiratórias superiores (nariz e garganta). Por exemplo, ácido clorídrico, sulfúrico, amônia etc.
- Podem ser **asfixiantes**, capazes de provocar o deslocamento do oxigênio, como, por exemplo, hidrogênio, metano, nitrogênio, hélio, dióxido de carbono e outros.

Outros gases possuem características asfixiantes próprias, como, por exemplo, o monóxido de carbono, anilinas e ácido cianídrico.

Alguns gases com essas características podem ser exemplificados de acordo com os sintomas e efeitos no organismo do trabalhador, como:

- **Gás metano - CH_4:** asfixiante e explosivo, dependendo da sua concentração no ambiente.
- **Gás sulfídrico - H_2S:** sua ação é extremamente danosa ao organismo em exposição. Possui um odor característico de ovo podre, no entanto sua percepção é difícil em concentrações média e alta, devido à paralisia temporária e rápida dos nervos olfativos.
- **Monóxido de carbono - CO:** gás cuja ação é extremamente danosa ao organismo em exposição e de difícil percepção na atmosfera. Sua detecção só é possível com a utilização de equipamentos de detecção de gás. A inalação do CO tem como consequência a asfixia pela combinação com a hemoglobina numa reação reversível para a formação da carboxiemoglobina (COHB), causando a redução de fornecimento de oxigênio ao sistema celular do corpo humano. De acordo com a NR-15, o limite de tolerância de exposição é de 39 ppm.
- **Nitrogênio N_2:** gás que compõe aproximadamente 78% do ar atmosférico e provoca asfixia por causar o deslocamento do oxigênio do ambiente em concentrações maiores. Tem como características ser incolor, inodoro, insípido e impróprio para a respiração e para a combustão, ou seja, é inerte.

A Tabela 3.9 apresenta os limites de concentrações, sintomas e efeitos da exposição de um trabalhador a um agente de risco. Trata-se da máxima concentração de gás ou vapor que uma pessoa pode respirar durante uma jornada de trabalho de oito horas diárias e cinco dias por semana, sem que apareçam sintomas de envenenamento ou doenças ocupacionais.

Tabela 3.9 - Limite de tolerância das concentrações de gases, conforme NR-15.
Fonte: MTE - NR-15 (adaptado pelos autores)

Quadro de concentrações, sintomas e efeitos dos gases			
Gás	H_2S		
Concentração	50 a 100 ppm	100 a 200 ppm	> 300 ppm
Sintomas	Irritação na pele e sistema respiratório	Problemas respiratórios	Morte
Efeito ambiental	Inflamável e oxidante, diminuindo a concentração de O_2 LIE = 4%		
Limites	8 ppm		
Gás	CO		
Concentração	200 a 1000 ppm	> 1000	
Sintomas	Palpitação	Morte	
Efeito ambiental	Inflamável e oxidante, diminuindo a concentração de O_2 LIE = 12,5%		
Limites	39 ppm		
Gás	N_2		
Concentração	Avaliar O_2		
Sintomas	Asfixiante simples		
Efeito ambiental	Diminui a concentração de O_2		
Limites	Avaliar O_2		
Gás	CH_4		
Concentração	Avaliado em função do LIE		
Sintomas	Asfixiante simples		
Efeito ambiental	LIE = 5% vol. gás	LSE = 15% vol. gás	
Limites	<10% do LIE		

3.3.7 Trabalho a Quente

Considera-se trabalho a quente qualquer operação temporária que envolva chama exposta ou que produza calor ou faísca, Figura 3.47, podendo causar a ignição de combustíveis sólidos, líquidos ou gasosos existentes ou que se desenvolvam no espaço confinado, quando da realização das seguintes atividades:

a) Aplicação de revestimento em teto com chama aberta;
b) Aquecimento ou cura com chama exposta;
c) Corte com maçarico;
d) Lixamento e esmerilhamento;
e) Solda oxiacetilênica;
f) Solda por arco;
g) E outros tipos de serviço que possam gerar fagulhas ou chamas.

Figura 3.47 - Trabalho a quente.

Para esse tipo de atividade é recomendável que o vigia receba também treinamento de prevenção contra incêndio, pois na ocorrência de algum princípio de incêndio, ele deve estar preparado para o combate inicial e para acionar a equipe especializada e os órgãos competentes.

No planejamento da atividade, o funcionário autorizado para emissão de Autorização de Trabalho a Quente (ATQ), ou seja, a pessoa devidamente treinada e qualificada (bombeiro, técnico de segurança ou outro designado como supervisor de entrada) deve avaliar o local e as condições em que o trabalho a quente será realizado. Deve definir a necessidade de vigilância contra incêndio e emitir uma autorização por escrito ao executante para melhor entendimento dos riscos existentes ou que possam se desenvolver durante a realização da atividade.

Cabe ainda ao responsável pela autorização do serviço a quente, em conjunto com a equipe de trabalho, inspecionar os itens a serem utilizados e certificar, conforme sugestões seguintes, se eles estão adequados para realização da atividade:

a) Acessórios para isolamento de área;
b) Conjunto argônio;
c) Conjunto de Gás Liquefeito de Petróleo (GLP);
d) Conjunto de solda elétrica;
e) Conjunto oxiacetilênico;
f) Equipamento de Proteção Individual (EPI);
g) Proteção de isolamentos, paredes, divisórias, forros e telhados combustíveis;
h) Sistema de armazenagem de cilindros;
i) Sistema de transporte de cilindros;
j) Sistema de ventilação e exaustão;
k) Entre outros.

3.3.7.1 Autorização para Trabalho a Quente

A Autorização para Trabalho a Quente (ATQ) deve ser preenchida totalmente e assinada pelas pessoas responsáveis após a implementação das medidas preventivas. A autorização também deve ser assinada pelo executante do serviço antes do início das atividades.

O executante deve ficar com uma via da autorização no local do serviço durante o tempo de execução da atividade e terá de apresentá-la quando solicitada. O período máximo de validade de uma ATQ deve ser especificado no campo *Horário em que expira* da autorização. Salientamos que o tempo de permanência e o período máximo de validade de uma ATQ dependem das características do espaço confinado como:

a) Classificação do potencial de risco do espaço confinado;
b) Condições atmosféricas do ambiente;
c) Espaço físico;
d) Riscos elétricos;
e) Temperatura;
f) Entre outros.

> ***Nota***
>
> Para cada serviço de trabalho a quente uma autorização deve ser emitida.

3.3.7.2 Procedimento durante as Operações de Trabalho a Quente

O local em que deve ser executado o trabalho a quente precisa ser avaliado pelo SESMT, juntamente com o responsável pela sua liberação. Devem ser adotadas as medidas e procedimentos de segurança necessários para garantia da integridade física do executante.

Devem ser removidos todos os produtos inflamáveis, principalmente os líquidos, adotando as distâncias mínimas conforme indicações dos fornecedores do produto.

> **Nota**
>
> As operações de soldagem e corte a quente somente podem ser realizadas por trabalhadores qualificados, conforme Consolidação das Leis do Trabalho (CLT), Lei 6.514 - Cap. V, Portaria 3214 - NR-18, item 18.11.1.

Recomenda-se que a área do trabalho a quente não fique sem a presença de um profissional treinado em prevenção de incêndio, mesmo após o encerramento da ATQ emitida de acordo com as características do espaço confinado. Isso se aplica a final de expediente, horário de refeição ou qualquer interrupção do trabalho ou enquanto permanecer o risco de incêndio decorrente de temperaturas elevadas no ambiente, exceto em caso de fuga de emergência.

> **Notas**
>
> a) Nunca utilize oxigênio como substituto de ar comprimido, pois em uma superfície contendo graxa ou óleo pode ocorrer a ignição, além de possibilitar o enriquecimento do ambiente.
> b) Nunca utilize qualquer peça ou tubo de cobre ou latão para a circulação de acetileno.
> c) Ajuste os reguladores dos cilindros de gases com as mãos ou com ferramentas isentas de graxa ou material oleoso.
> d) Utilize mangueiras sem emendas.
> e) Não execute serviços de solda ou corte cujas fagulhas, escórias ou a própria chama do maçarico venham a atingir os cilindros ou as mangueiras.

3.4 Medidas Administrativas

Estas medidas são abordadas no item 33.3.3 da NR-33, Portaria 3214/78:

a) Manter cadastro atualizado de todos os espaços confinados, inclusive dos desativados, e respectivos riscos;

b) Definir medidas para isolar, sinalizar, controlar ou eliminar os riscos do espaço confinado;

c) Manter sinalização permanente junto à entrada do espaço confinado, conforme o Anexo I da presente norma;

d) Implementar procedimento para trabalho em espaço confinado;

e) Adaptar o modelo de Permissão de Entrada e Trabalho, previsto no Anexo II desta NR, às peculiaridades da empresa e dos seus espaços confinados.

f) Preencher, assinar e datar, em três vias, a Permissão de Entrada e Trabalho antes do ingresso de trabalhadores em espaços confinados;

g) Possuir um sistema de controle que permita a rastreabilidade da Permissão de Entrada e Trabalho;

h) Entregar para um dos trabalhadores autorizados e ao Vigia cópia da Permissão de Entrada e Trabalho;

i) Encerrar a Permissão de Entrada e Trabalho quando as operações forem completadas, quando ocorrer uma condição não prevista ou quando houver pausa ou interrupção dos trabalhos;

j) Manter arquivados os procedimentos e Permissões de Entrada e Trabalho por cinco anos;

k) Disponibilizar os procedimentos e Permissão de Entrada e Trabalho para o conhecimento dos trabalhadores autorizados, seus representantes e fiscalização do trabalho;

l) Designar as pessoas que participarão das operações de entrada, identificando os deveres de cada trabalhador e providenciando a capacitação requerida;

m) Estabelecer procedimentos de supervisão dos trabalhos no exterior e no interior dos espaços confinados;

n) Assegurar que o acesso ao espaço confinado somente seja iniciado com acompanhamento e autorização de supervisão capacitada;

o) Garantir que todos os trabalhadores sejam informados dos riscos e medidas de controle existentes no local de trabalho; e

p) Implementar um Programa de Proteção Respiratória de acordo com a análise de risco, considerando o local, a complexidade e o tipo de trabalho a ser desenvolvido.

3.4.1 Controles Operacionais de Liberação de Entrada em Espaços Confinados

Para a liberação de entrada em espaços confinados, o empregador deve estabelecer controles operacionais, para garantir a segurança dos trabalhadores que realizam atividades nesses espaços.

Para efetivar tais controles, devem ser realizados estudos de risco previamente para evitar e/ou minimizar as possibilidades de ocorrência de acidente no espaço confinado. São exemplos de controles operacionais para entrada em espaço confinado:

a) Bloqueio de equipamentos;
b) Desenergização;
c) Identificação e sinalização de espaço confinado;
d) Monitoramento de contaminantes atmosféricos;
e) Permissão de Entrada e Trabalho (PET);
f) Plano de emergência;
g) Procedimento de limpeza e ventilação;
h) Reuniões de análise preliminar de risco com equipe;
i) Reuniões de planejamento antes da entrada;
j) Sinalização e bloqueio de equipamentos;
k) Trabalhos envolvendo empresas terceirizadas (contratados);
l) Treinamento e qualificação.

3.4.1.1 Identificação e Sinalização de Espaço Confinado

A NR-33, no item 33.3.3.c, determina como medida administrativa a obrigação de manter permanentemente junto aos espaços confinados sinalizações e identificações com placa de advertência. A placa de advertência deve possuir informações claras e permanentes nos moldes do anexo I da NR-33, Figuras 3.48 e 3.49.

Figura 3.48 - Placa de advertência para espaço confinado. Fonte: MTE - NR-33.

Figura 3.49 - Placa de identificação e advertência numerada no piso de um espaço confinado.

O texto deve conter os dizeres "**Perigo - proibida a entrada - risco de morte - espaço confinado**". À placa podem ser acrescidos um número de identificação e a frase: "Não entre sem permissão do responsável".

> **Nota**
>
> *A localização da placa de sinalização no espaço confinado deve ser de fácil visualização para os trabalhadores e pessoas que tenham acesso às suas proximidades.*

A sinalização do espaço confinado pode ser, em alguns casos, feita com suporte removível e instalada apenas no local, ou usando equipamentos quando estes se encontram em processo de manutenção. Neste caso, devem prioritariamente ocorrer o isolamento da área e a aplicação de placas como: "**Perigo**"; "**Equipamento em manutenção, acesso somente com Permissão de Entrada e Trabalho (PET)**"; "**Rota de fuga**"; "**Saída**", entre outros.

Etiquetas ou cartões de advertência, Figura 3.50, devem ser fixados no local, com dizeres informativos sobre a condição para acesso, como "**Acesso não liberado**"; "**Acesso liberado com restrições**" e/ou "**Acesso liberado**".

Figura 3.50 - Etiquetas de advertência.

Os cartões de advertência devem possuir cores que chamem a atenção do trabalhador. Por exemplo: a sinalização na cor vermelha com a expressão "**Não liberado**" deve ser utilizada antes da liberação dos trabalhos.

A sinalização na cor amarela com a expressão "**Liberado com restrição**" deve ser adotada quando o ambiente interno do equipamento e/ou espaço confinado ainda necessita de alguma medida de controle.

A sinalização na cor verde com a expressão "**Equipamento liberado**" deve ser adotada quando o equipamento e/ou espaço confinado estiver liberado sem restrição, ou seja, liberado após a realização de todos os procedimentos de entrada, aplicação das medidas de controle, preenchimento e assinatura da PET pelos trabalhadores autorizados.

3.4.1.2 Permissão de Entrada e Trabalho (PET) e Análise Preliminar de Riscos (APR)

Análise de Risco

A análise de risco deve ser elaborada pela equipe responsável por gestão de segurança e saúde nos trabalhos, bem como por todos os trabalhadores envolvidos nas atividades em espaços confinados da empresa, que deve planejar, programar, implementar e avaliar as medidas técnicas de prevenção, medidas administrativas e medidas pessoais.

Todos os trabalhadores que acessam ou vigiam um espaço confinado devem receber treinamento, bem como a capacitação para trabalho em espaços confinados. O responsável pela gestão da equipe deve utilizar as análises de risco para definir as medidas de controle que devem fazer parte do treinamento das equipes e do planejamento do trabalho.

A Análise Preliminar de Risco (APR) é uma técnica de identificação de riscos e perigos que consiste em identificar eventos perigosos, suas causas e consequências. Com ela os gestores, juntamente com os profissionais de segurança do trabalho, estabelecem as medidas de controle preliminar, pois ela é utilizada como a primeira abordagem de avaliação e planejamento da atividade a ser realizada.

Em um grande número de casos, a APR é suficiente para estabelecer medidas de controle de riscos. Ela deve apontar todos os eventos perigosos que possam levar o trabalhador a um acidente. É preciso observar:

a) Falhas intrínsecas de equipamentos;
b) Falhas intrínsecas de instrumentos;
c) Falhas intrínsecas de materiais;
d) Falhas que tenham origem na instalação e/ou equipamento em análise;
e) Possíveis erros ou falhas humanas.

Na APR também devem ser identificados:

a) As categorias de frequência, gravidade e severidade dos riscos correspondentes;
b) As causas e os efeitos (consequências);
c) As observações e recomendações pertinentes ao controle dos riscos identificados;
d) Os riscos do local ou da atividade a ser realizada.

Todos estes itens observados devem ter os apontamentos, medidas de controle de risco e resultados apresentados em planilha padronizada, conforme modelo simplificado apresentado no Apêndice G.

O Serviço Especializado em Engenharia de Segurança e Medicina do Trabalho (SESMT) utiliza os levantamentos das APRs durante um determinado período de tempo, para realizar estudos com as informações obtidas sobre os riscos identificados e avaliados quanto à sua natureza e à variação de potencial causador de danos eminentes, encontrados em espaços confinados.

O estudo realizado pelo SESMT é aplicado para reduzir ou mitigar as causas e os efeitos dos riscos por meio de metodologias de controle preventivas.

A aplicação de normas, padrões e procedimentos de trabalho não garante que os processos de manutenção e produção sejam totalmente seguros, visto que não contemplam eventos e cenários provocados por erro humano e/ou falha de sistemas de proteção.

Toda ação de controle dos riscos em espaços confinados deve incorporar uma metodologia que busque identificar esses eventos, devendo prever esses desvios, suas causas e possíveis consequências.

Diferentemente do perigo, o risco pode ser controlado e sua intensidade depende de como o perigo é tratado. Portanto, o adequado controle dos riscos implica uma gradativa e sensível redução dos acidentes. Quanto mais eficazes forem as medidas de controle, menor será a possibilidade de ocorrência de um evento causador de danos.

Técnicas de Análise de Riscos

Assim como existem técnicas em processos administrativos, de produção, financeiros, entre outros, a análise de risco também possui algumas técnicas que foram adaptadas para essas avaliações, podendo ser aplicadas juntas ou separadamente em cada fase dos processos, sejam:

a) Detalhamento do projeto;
b) Engenharia;
c) Modificações de projeto;
d) Novos processos ou instalações;
e) Operação;
f) Partida dos equipamentos;
g) Pesquisa/desenvolvimento;
h) Revisões periódicas do nível de segurança de uma instalação, entre outros.

Algumas técnicas são bem conhecidas pelas empresas, outras estão disponibilizadas em áreas acadêmicas. Em seguida citamos algumas:

a) **Check-list**

É uma relação de atividades que devem ser seguidas em ordem cronológica do processo, fazendo com que cada passo seja avaliado antes e após a sua realização.

b) **Gravidade Urgência Tendência (GUT)**

É uma ferramenta utilizada na priorização das estratégias, tomadas de decisão e solução de problemas de organizações e projetos, podendo também ser utilizada para identificar as ações prioritárias a serem resolvidas dentro de um processo ou procedimento de trabalho.

c) **Brainstorming**

O brainstorming (literalmente "tempestade cerebral" em inglês) ou tempestade de ideias, mais que uma técnica de dinâmica de grupo, é uma atividade desenvolvida para explorar a potencialidade criativa de um indivíduo ou de um grupo - criatividade em equipe, colocando-a a serviço de objetivos predeterminados. Pode ser utilizada para identificar os riscos de acidentes e suas consequências.

d) **Pareto**

A Lei de Pareto (também conhecida como princípio 80-20) afirma que, para muitos fenômenos, 80% das consequências são oriundas de 20% das causas. Essa ferramenta pode auxiliar na análise das causas dos acidentes e direcionar ações prioritárias para sua mitigação (redução).

e) **APR**

É uma ferramenta utilizada para efetuar uma análise de risco. O procedimento proposto por ela é o preenchimento de uma planilha APR avaliando os riscos e a sua forma de controle e prevenção, em que devem ser destacados os tipos de EPIs e EPCs para cada risco, observando uma sequência do passo a passo de uma tarefa.

f) **Diálogo Diário de Segurança (DDS)**

É um programa que tem por finalidade desenvolver e manter atitudes prevencionistas na equipe de trabalho pela conscientização e envolvimento de todos. Trata-se da realização de conversações de segurança nas áreas operacionais, possibilitando a integração e o estabelecimento de um canal de comunicação ágil, transparente e sincero entre chefias e subordinados.

Os principais assuntos abordados nesses diálogos devem ser preferencialmente os de maior risco para os trabalhadores envolvidos nos processos.

g) **Técnica de Incidentes Críticos (TIC)**

É uma análise operacional, qualitativa, de aplicação na fase operacional de sistemas, cujos procedimentos envolvem o fator humano em qualquer grau.

Sua metodologia é constituída para identificar erros e condições inseguras que possam contribuir para a ocorrência de acidentes com lesões reais e potenciais.

Nessa técnica se utiliza uma amostra aleatória estratificada de trabalhadores selecionados dentre os principais departamentos da empresa, procurando representar as suas diversas operações dentro das diferentes categorias de risco.

h) **What-If (WI) - técnica de análise geral, qualitativa**

"What if?" vem do inglês e significa "e se?". Ela usa a criatividade e a imaginação do trabalhador, em que o objeto estudado terá o seu perigo previsto caso o seu uso seja inadequado. É uma técnica de análise geral, qualitativa, cuja aplicação é bastante simples e útil para uma abordagem em primeira instância na detecção exaustiva de riscos, nas fases de projeto, implantação, operação e manutenção.

i) **Análise de Árvore de Falhas (AAF)**

É um método excelente, qualitativo, para o estudo dos fatores que poderiam causar um evento indesejável (falha). Determina as frequências de eventos indesejáveis a partir da combinação lógica das falhas dos diversos componentes do sistema, como:

Falha do sistema ou acidente (TOPO) { Sequência de eventos que levam ao acidente Auxílio de portas lógicas (E-OU)

Os eventos intermediários (eventos - saídas) { São representados por retângulos, sendo o evento descrito dentro deles

As sequências levam a falhas primárias (básicas) que permitam calcular a probabilidade de ocorrência do evento (TOPO), são indicadas por círculos e representam o limite de resolução da árvore de falhas.

Além das técnicas citadas anteriormente, existem outras que também podem ser adaptadas para a análise de riscos, como:

a) Análise de Árvore de Eventos (AAE);
b) Análise por Diagrama de Blocos (ADB);
c) Análise de Modos de Falha e Efeitos (AMFE);
d) Análise de Causas e Consequências (ACC);
e) Análise de Operabilidade de Perigos (HAZOP).

Todas as técnicas citadas possuem planilhas de aplicação nas quais são registrados os resultados do estudo.

Metodologia de Análise de Riscos

Os riscos em espaços confinados podem ser dinâmicos e estáticos. Riscos estáticos são identificados na PET, Apêndice E, enquanto os dinâmicos são aqueles que podem ocorrer em função de aspectos não previstos durante a avaliação, contudo devem ser itens constantes na APR, Apêndice G.

A sistemática de análise de risco (independentemente da técnica selecionada) deve conter as etapas apresentadas em seguida:

a) Avaliação dos riscos;
b) Identificação dos perigos;
c) Mitigação dos riscos;
d) Plano de emergência;
e) Treinamento.

A análise de risco deve ser composta por uma equipe multidisciplinar (especialistas com experiência) que procede aos estudos de potencial de severidade dos riscos identificados, devendo ser consideradas:

a) A avaliação dos riscos procedida com base na experiência dos membros da equipe;
b) As experiências individuais para que sejam introduzidas na análise;
c) Identificação e análise dos perigos conforme entendimento e diferentes pontos de vista.

De acordo com o objeto do estudo de análise de riscos, recomenda-se o envolvimento de profissionais de diferentes setores, como projetista (layout e detalhamento), responsável pela operação e manutenção, responsável pela segurança e meio ambiente.

Ao efetuar uma análise de riscos e preencher a planilha APR, deve-se proceder avaliando os riscos e a sua forma de controle e prevenção, destacando os EPIs e EPCs para cada tipo de acordo com uma sequência passo a passo, observando cada tipo de risco identificado e as formas de controle e prevenção estabelecidas.

Como Preencher um Formulário APR

Reunir os integrantes da equipe e relacionar a atividade planejada conforme o projeto e o Procedimento de Trabalho (PT), Figura 3.60, a planilha de equipamentos, ferramentas e materiais planejados, veículos, dispositivos de manobras, cartões de sinalização de segurança e bloqueios.

O formulário de APR é composto dos seguintes itens obrigatórios:

Identificação

a) **Área:** preencher com o nome da área responsável ou regional (local da atividade).
b) **Atividade:** descrever a atividade que será executada.
c) **Data:** preencher com a data (dd/mm/aa).
d) **Despachador:** preencher com o nome do despachador/coordenador (planejador).
e) **Hora:** preencher com a hora de início do trabalho (hh/mm) e a hora de término do trabalho (hh/mm).
f) **Local:** preencher com o nome da avenida, rua, praça, prédio, silo, reservatório, plataforma etc. e o número de referência mais próximo.
g) **Tipo e número de documento:** preencher com o tipo do documento (Ordem de Serviço; PET; ARMS).
h) **Turma/equipe:** preencher com a sigla da equipe que está executando o serviço. Se houver mais de uma equipe, citar todas.

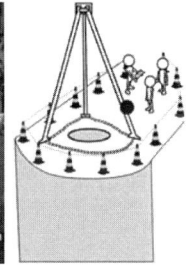

Figura 3.51 - Preenchimento de formulário de APR.

Análise

a) Verificar o serviço a ser executado com a Ordem de Serviço (OS) e dialogar com a equipe.
b) Observar condições do espaço confinado do ambiente em torno do local de execução da tarefa. Verificar se todos os envolvidos estão bem física e mentalmente, Figura 3.52.

Figura 3.52 - Verificação das condições dos trabalhadores.

c) Reunir equipe e em conjunto preencher formulário de APR, associando-se a APR ao número da Ordem de Serviço (OS), devendo ser concluído antes do início da tarefa. Em caso de dúvida, consultar as orientações para preenchimento do formulário de APR para a sequência dessa tarefa.

Nota 1

A ausência do formulário APR no local de trabalho pode acarretar quebra de regra de segurança, colocando a equipe em risco de acidente. Desta forma, a equipe deve dispor de formulário APR, por exemplo, no veículo ou em uma pasta juntamente com a ordem de serviço e com o plano de atividades.

Nota 2

Para todo serviço em espaço confinado deve-se realizar o preenchimento da Análise Preliminar de Riscos (APR), que deve estar associada ao número da Ordem de Serviço (OS).

Nota 3

Atividades que envolvem eletricidade em espaço confinado também devem observar a Norma Regulamentadora NR-10.

De acordo com a NR-10, subitem 10.13.4, cabe aos trabalhadores:

a) *Zelar pela sua segurança e saúde e a de outras pessoas que possam ser afetadas por suas ações ou omissões no trabalho;*

b) *Responsabilizar-se junto com a empresa pelo cumprimento das disposições legais e regulamentares, inclusive quanto aos procedimentos internos de segurança e saúde; e comunicar, de imediato, ao responsável pela execução do serviço as situações que considerar de risco para sua segurança e saúde e a de outras pessoas.*

Assinar Formulário de APR

Todos os componentes da equipe devem assinar formulário de APR antes do início da atividade.

Nota 1

Em caso de divergência da APR no desenvolvimento da atividade, reavaliar e preencher uma nova APR, na qual serão estabelecidas novas medidas de controle.

Nota 2

Retornar comunicação à base de operações, ao despachador (planejador) específico, para aquelas situações em que ocorreram alterações no planejamento, e seguir as orientações para normalizar as condições operativas, retirando os bloqueios e as sinalizações dos espaços confinados e atividades planejadas, como, por exemplo, circuitos elétricos, soldas, equipamentos de lavagem, entre outros.

Como Preencher um Formulário de PET

Antes do preenchimento da PET, os membros da equipe devem se reunir e relacionar a atividade conforme o projeto e o planejamento, tendo em mãos:

a) Cartões de sinalização de segurança;
b) Dispositivos de bloqueios;
c) Dispositivos de manobras e proteção;
d) Ferramentas e materiais planejados;
e) Relação de equipamentos destinados à realização da tarefa.

É preciso designar o que cada membro deve executar, definindo o supervisor de entrada e o vigia.

Em seguida, deve-se analisar a OS, distribuir a cada integrante as atividades e confirmar se as informações dela estão de acordo com o local programado, além do seu entendimento.

Reunir os integrantes da equipe e relacionar a atividade planejada conforme o projeto e a OS. Os membros da equipe devem iniciar o preenchimento do formulário da Permissão de Entrada e Trabalho (PET).

Nota

No final do preenchimento da PET ela é assinada por todos os trabalhadores envolvidos.

O formulário de PET é composto dos seguintes itens, conforme anexo II da NR-33, bem como de mais alguns que consideramos importantes, relacionados a seguir:

1. Telefone de contato - ambulância;
2. Bloqueios, travamentos e etiquetagem (quando aplicável);
3. Telefone de contato - bombeiros;
4. Capacetes, botas e luvas (quando aplicável);
5. Cinturão e linha de vida para equipe de resgate;
6. Cinturão e linha de vida para os trabalhadores;
7. Comunicação eletrônica para área potencialmente explosiva para equipe de resgate;
8. Comunicação eletrônica para área potencialmente explosiva;
9. Data e horário de emissão e término dos trabalhos;
10. Necessidade de outros equipamentos;
11. Equipe de resgate;
12. Escada (quando aplicável);
13. Necessidade de extintores de incêndio;
14. Gases e vapores tóxicos (ppm);
15. Horário do teste;
16. Condição da iluminação geral (quando aplicável);
17. Inflamáveis (% LIE) [10%];
18. Inflamáveis (% LIE);
19. Isolamento da área;
20. Lanternas (quando aplicável);
21. Local e número do espaço confinado;
22. Monitoramento de gases antiexplosão;
23. Movimentação vertical/suportes externos;
24. Nome da empresa;
25. Nome do vigia e do supervisor;
26. Nome legível e assinatura do supervisor dos testes;
27. Oxigênio (%) [>19,5% ou <23%];
28. Oxigênio (%);
29. Permissão de trabalhos a quente;
30. Poeiras, fumos, névoas tóxicas (mg/m^3);
31. Procedimentos de comunicação;
32. Procedimentos de resgate;
33. Procedimentos e proteção de movimentação vertical (quando aplicável);
34. Proteção respiratória autônoma ou ar mandado com cilindro de escape;
35. Proteção respiratória autônoma ou ar mandado com cilindro de escape para equipe de resgate (quando aplicável);
36. Purga e/ou lavagem (quando aplicável);
37. Roupas de proteção (quando aplicável);
38. Segurança;
39. Telefones e contatos;
40. Teste após ventilação e isolamento;
41. Teste inicial da atmosfera;
42. Tipo, equipamento e tempo;
43. Trabalhadores autorizados a entrarem no espaço;
44. Trabalhos a serem realizados;
45. Treinamento dos trabalhadores atualizado;
46. Ventilação/exaustão (quando aplicável).

3.5 Medidas Pessoais

Estas medidas são abordadas no item 33.3.4 da NR-33, Portaria 3214/78:

Todo trabalhador designado para trabalhos em espaços confinados deve ser submetido a exames médicos específicos para a função que irá desempenhar, incluindo os fatores de riscos psicossociais com a emissão do respectivo Atestado de Saúde Ocupacional - ASO.

Todos os trabalhadores autorizados e vigias devem receber capacitação a cada doze meses. Capacitar todos os trabalhadores envolvidos, direta ou indiretamente com os espaços confinados, sobre seus direitos, deveres, riscos e medidas de controle.

A análise de risco define o número de trabalhadores envolvidos na execução dos trabalhos em espaços confinados.

As atividades em espaços confinados devem ser realizadas com segurança, sendo vedadas tarefas de forma individual ou isolada.

Na ocorrência de acidentes, a seleção de um procedimento adequado de primeiros socorros envolve a análise das características dos cenários existentes no processo de entrada e/ou atividade a ser realizada no espaço confinado.

3.5.1 Aplicação da NR-7 (Exames/ASO, Riscos Psicossociais)

Do ponto de vista médico, todo trabalhador devidamente qualificado e que não apresente transtorno ou doença que possam ser desencadeados ou agravados durante a realização do trabalho em ambientes confinados pode efetuar atividades.

Desta forma, todos os envolvidos devem realizar exames médicos conforme indicação do Programa de Controle Médico Ocupacional (PCMSO) com diretrizes estabelecidas na NR-7 da Portaria 3214 do MTE.

Um fato curioso, e que gera muita discussão, é com relação ao limite de peso para que um trabalhador possa atuar num espaço confinado. Na verdade não existe uma norma legal que estabeleça uma regra. Depende do tipo de espaço confinado e das vias de acesso e saída; o que deve prevalecer é o bom-senso. Entende-se que ninguém permitirá que um portador de obesidade mórbida, isto é, com Índice de Massa Corporal (IMC) acima de 40 kg/m^2, trabalhe num local de difícil acesso ou saída. Alguns profissionais estabelecem o limite IMC de 35 kg/m^2 como medida de segurança.

No entanto, ter boa condição física não é suficiente para o trabalhador desempenhar adequadamente a tarefa no espaço confinado. O trabalhador deve estar psicologicamente preparado para o trabalho nas condições especiais que representam o espaço confinado.

3.5.1.1 Fatores de Riscos Psicossociais

Eles podem englobar questões relativas à dinâmica pessoal e/ou social do trabalhador. São consideradas todas as alterações que o trabalhador possa apresentar, relacionadas à sua reação psíquico/emocional, às condições de trabalho e relacionamentos profissionais ou pessoais, com alteração visível de seu comportamento, sensações de medo, pânico, ansiedade, perseguição, alterações respiratórias, claustrofobia.

Segundo a Instrução Normativa INSS/dc, nº 98, de 5 de dezembro de 2003, os fatores de riscos psicossociais do trabalho são as percepções subjetivas que o trabalhador tem dos fatores de organização do trabalho. Como exemplo, podemos citar:

a) A carga e o ritmo de trabalho;
b) O ambiente social e técnico do trabalho;
c) Considerações relativas à carreira.

A percepção das condições internas/psíquicas dos trabalhadores é um assunto delicado e de muita responsabilidade, pois trata de:
a) Conhecimento de si e de seus limites;
b) Contentamento no trabalho;
c) Controle emocional;
d) Visão positiva em relação à sua atividade profissional.

Algumas manifestações de caráter psicossocial podem ser destacadas, como:
a) Ansiedade e seus distúrbios;
b) Síndrome do pânico;
c) Claustrofobia.

3.5.2 Profissionais do Espaço Confinado

1. **Responsável técnico**

Trata-se do trabalhador responsável por:
a) Implementar a gestão em segurança e saúde no trabalho em espaço confinados;
b) Propor medidas de controle de engenharia;
c) Propor medidas administrativas; pessoais, emergência e salvamento;
d) Garantir permanentemente ambientes com condições adequadas de trabalho;
e) Realizar levantamento na empresa, identificando e sinalizando todos os espaços confinados existentes;
f) Elaborar a Análise Preliminar de Risco (APR);
g) Certificar que os equipamentos de monitoramento estão em perfeito funcionamento e calibrados;

h) Capacitar o supervisor de entrada quanto à realização dos procedimentos de avaliações da atmosfera interna e controle dos riscos existentes ou que possam vir a existir, como físicos, químicos, biológicos, ergonômicos, mecânicos e de acidentes, e evidenciar as recomendações desses riscos no registro da permissão de trabalho.

2. **Supervisor de entrada**

Conforme item 33.3.4.5 da NR-33, o supervisor de entrada deve desempenhar as seguintes funções:
a) *ay) Emitir a Permissão de Entrada e Trabalho antes do início das atividades;*
b) *az) Executar os testes, conferir os equipamentos e os procedimentos contidos na Permissão de Entrada e Trabalho;*
c) *ba) Assegurar que os serviços de emergência e salvamento estejam disponíveis e que os meios para acioná-los estejam operantes;*
d) *bb) Cancelar os procedimentos de entrada e trabalho quando necessário; e*

bc) Encerrar a Permissão de Entrada e Trabalho após o término dos serviços.

O supervisor de entrada (representante legal do empregador) autoriza ou não o acesso de trabalhadores aos espaços confinados. Essa autorização deve ser arquivada durante o período de cinco anos, conforme a NR-33, e possuir um critério de rastreabilidade.

A entrada deve estar autorizada somente:
a) *Após confirmação da avaliação dos riscos do local;*

b) Depois de implementadas as medidas de controle dos riscos (eliminados ou minimizados) detectados;

c) Após todos os trabalhadores envolvidos direta e indiretamente na atividade estarem portando os EPIs adequados aos riscos;

d) Depois de evidenciado que o ambiente esteja isento da presença de gases tóxicos e inflamáveis ou a níveis aceitáveis;

e) Após sinalização adequada do local;

f) Após o check-list de verificação da Permissão de Entrada e Trabalho (PET) estar devidamente preenchido e assinado por todos.

Quando algumas das medidas listadas não puderem ser atendidas, é necessário que sejam tomadas medidas de controle adicionais recomendadas na Avaliação Preliminar de Risco (APR).

Caso haja interrupção dos serviços, uma nova avaliação do local será necessária, devendo ser revalidada ou emitida uma nova permissão a critério do supervisor.

Cabe ao supervisor de entrada encerrar a Permissão de Entrada e Trabalho (PET) quando as tarefas forem concluídas.

3. Trabalhador autorizado

O trabalhador autorizado é aquele com qualificação técnica operacional para realizações das atividades propostas no interior do espaço confinado. Sua responsabilidade é:

a) Colaborar com a empresa no cumprimento de todos os procedimentos de segurança adotados para eliminação ou minimização dos riscos existentes;

b) Comunicar ao vigia e ao seu supervisor as situações que ponham em risco a sua segurança e saúde ou de terceiros;

c) Cumprir as determinações de abandono do local de trabalho quando demandado, quer por solicitação verbal ou por meio de alarme;

d) Participar de cursos regulamentares e estar em dia com o Atestado de Saúde Ocupacional (ASO);

e) Utilizar adequadamente os meios e equipamentos fornecidos pela empresa.

4. Vigia

Conforme o item 33.3.4.7 da NR-33, o vigia deve desempenhar as seguintes funções:

a) Adotar os procedimentos de emergência, acionando a equipe de salvamento, pública ou privada, quando necessário;

b) Manter continuamente a contagem precisa do número de trabalhadores autorizados no espaço confinado e assegurar que todos saiam ao término da atividade;

c) Operar os movimentadores de pessoas;

d) Ordenar o abandono do espaço confinado sempre que reconhecer algum sinal de alarme, perigo, sintoma, queixa, condição proibida, acidente, situação não prevista ou quando não puder desempenhar efetivamente suas tarefas, nem ser substituído por outro vigia;

e) Permanecer fora do espaço confinado, na entrada, em contato permanente com os trabalhadores autorizados;

f) Deve saber quantas pessoas acessaram o ambiente, com a finalidade de identificar quem ainda está no espaço confinado.

3.6 Equipamentos de Proteção Individual

Prevenir acidentes requer a identificação e a avaliação do risco ao qual o trabalhador estará exposto e a implementação de medidas preventivas, incluindo o uso do equipamento de proteção adequado.

A sexta norma regulamentadora do trabalho urbano, NR-6 - Equipamento de Proteção Individual (EPI), estabelece definições legais, tipos de proteção, requisitos para fabricação e comercialização, bem como responsabilidades para a empresa, trabalhador, fabricante, importador e MTE.

A implementação adequada de EPIs para os riscos identificados e avaliados é de fundamental importância para aplicação dos requisitos da NR-15 na caracterização e/ou descaracterização da insalubridade.

Por definição, Equipamentos de Proteção Individual (EPI) são todos os equipamentos de uso pessoal e intransferível, destinados a proteger a integridade física do trabalhador ou atenuar as lesões provenientes de agentes nos ambientes de trabalho, durante o exercício de suas atividades laborativas. Entende-se por EPI o equipamento fornecido aos trabalhadores de forma gratuita, com a garantia do Certificado de Aprovação (CA) aprovado pelo Ministério do Trabalho e Emprego.

Podem ser especificados da seguinte forma:

Equipamentos de Proteção Individual Rotineiros

São os EPIs para a proteção contra os riscos profissionais, inerentes à função ou cargo exercido pelo trabalhador, tais como:

a) *Bota de PVC;*
b) *Botina de segurança;*
c) *Capacete de segurança com jugular;*
d) *Luva de vaqueta, raspa, PVC;*
e) *Máscara contra fumos metálicos;*
f) *Óculos de segurança contra impacto;*
g) *Óculos de segurança contra radiações;*
h) *Protetor auricular;*
i) *Entre outros.*

Equipamentos de Proteção Individual de Uso Específico

São aqueles necessários à realização de atividades com riscos específicos, como:

a) *Avental de raspa;*
b) *Cinto de segurança do tipo paraquedista com talabarte;*
c) *Equipamentos autônomos de proteção respiratória;*
d) *Luva de borracha para alta tensão;*
e) *Luva nitrílica;*
f) *Máscara com filtro químico ou mecânico;*
g) *Máscara para soldador;*
h) *Protetor facial;*
i) *Sistemas de linha de ar respirável;*
j) *Vestimentas impermeáveis;*
k) *Vestimentas retardantes a chamas;*
l) *Entre outros.*

QUESTÕES PARA FIXAÇÃO E ENTENDIMENTO

1. Quais são as medidas técnicas de prevenção com o intuito de eliminar, neutralizar ou controlar o risco, seja ele físico, químico, biológico, ergonômico e de acidente?

2. Quais são os tipos de monitoramento das condições ambientais que devem ser aplicados em espaços confinados?

3. Cite pelo menos seis equipamentos utilizados para garantir a segurança dos trabalhadores em espaços confinados.

4. Os riscos ambientais estão divididos em cinco grupos. Quais são eles? Cite pelo menos cinco tipos de risco por grupo.

5. Com relação à presença de O_2 na atmosfera, quando podemos considerar a atmosfera rica ou pobre em oxigênio?

6. Cite pelo menos oito medidas administrativas adotadas como controles operacionais de liberação de entrada em espaços confinados.

7. Quais são os itens obrigatórios e considerados importantes para o preenchimento de uma PET?

Capacitação

A capacitação de trabalhadores que desenvolvem atividades em espaços confinados está prevista em seu item 33.3.5. Os treinamentos devem cumprir as cargas horárias e conteúdos mínimos exigidos de acordo com a função exercida pelo profissional.

É vedada qualquer designação de trabalhadores para atividades em espaços confinados sem que eles recebam capacitação prévia.

Após a capacitação prévia dos trabalhadores, os empregadores devem desenvolver e implementar programas de treinamento e capacitação, conforme o item 33.3.5.2, nas seguintes condições:

a) Em algum evento que indique a necessidade de novo treinamento. Esta situação pode ocorrer:
   - Por meio de análise e relatórios de incidentes;
   - Inspeções de segurança em que foram encontradas algumas evidências;
   - Afastamento prolongado de um trabalhador;
   - Mudança de atividade;
   - Entre outros.

b) Mudança nos procedimentos, condições ou operações de trabalho aumentam os riscos de acidentes. Situações como:
   - Aquisição de novo equipamento;
   - Modernização ou automação de processos;
   - Alteração de tecnologia;
   - Alteração de número de integrantes na equipe;
   - Entre outros.

c) Quando houver uma razão para acreditar que existam desvios na utilização ou nos procedimentos de entrada nos espaços confinados ou que os conhecimentos não sejam adequados:
   - Identificado em preleção de segurança;
   - Mudança comportamental de um ou mais membros da equipe;
   - Quebra de regras de segurança;
   - Tecnologia ainda não dominada;
   - Entre outros.

4.1 Treinamento para Trabalhador Autorizado e Vigia

O treinamento para capacitação de trabalhadores autorizados e vigias deve conter carga horária mínima de dezesseis horas.

O conteúdo programático para o treinamento do trabalhador autorizado deve contemplar:

a) Definições:
   - Análise Preliminar de Risco (APR);
   - Atitude mental positiva;
   - Atmosfera explosiva, inflamável, IPVS etc.;
   - Entre outros.
b) Funcionamento de equipamentos utilizados:
   - Cordas;
   - Detectores de gás;
   - Máscaras;
   - Talabartes;
   - Entre outros.
c) Noções de resgate e primeiros socorros:
   - Avaliação da situação;
   - Comportamento;
   - Procedimentos de auxílio em resgate;
   - Procedimentos para comunicação;
   - Entre outros.
d) Procedimentos e utilização da Permissão de Entrada e Trabalho (PET):
   - Análise Preliminar de Riscos (APR);
   - Detecção de gás;
   - Verificação do estado físico e psicológico dos trabalhadores;
   - Verificação e interpretação da atmosfera medida;
   - Entre outros.
e) Reconhecimento, avaliação e controle de riscos:
   - Plano de emergência;
   - Técnica de combate a princípio de incêndio;
   - Tipos de equipamentos EPIs e EPCs;
   - Tipos de risco;
   - Entre outros.

4.2 Treinamento para Supervisor de Entrada

O treinamento de capacitação dos supervisores de entrada deve ser realizado com carga horária mínima de quarenta horas e conteúdo programático estabelecido no item 4.1 deste capítulo, acrescido de:

a) Área classificada:
   - Atmosfera explosiva;
   - Propagação da combustão;
   - Substâncias inflamáveis;
   - Entre outros.
b) Conhecimentos sobre práticas seguras em espaços confinados:
   - Postura em espaço confinado;
   - Teste de equipamentos;
   - Utilização de EPIs e EPCs;
   - Entre outros.
c) Critérios de indicação e uso de equipamentos para controle de riscos:
   - Classificação dos equipamentos;
   - Modelos existentes e aplicações;

- Testes aprovados;
- Entre outros.

d) Identificação dos espaços confinados:
   - Sinalizações;
   - Tipos de alertas;
   - Tipos de riscos;
   - Entre outros.

e) Legislação de segurança e saúde no trabalho:
   - NR-4;
   - NR-6;
   - NR-7;
   - Entre outras.

f) Operações de salvamento:
   - Isolamento;
   - Primeiros socorros;
   - Resgate;
   - Entre outros.

g) Programa de proteção respiratória:
   - Exames clínicos;
   - Métodos de prevenção;
   - Periodicidade;
   - Entre outros.

4.3 Treinamento para Colaborador

Os treinamentos destinados aos colaboradores são idênticos aos de vigias apresentados no item 4.1 deste capítulo.

Ainda é definido, no item 33.3.5.7 da norma, que os instrutores designados pelo responsável técnico pelo treinamento devem ter proficiência comprovada no assunto. O item 33.3.5.8 determina que, ao término do treinamento, deve-se emitir um certificado contendo nome do trabalhador, conteúdo programático, carga horária, especificação do tipo de trabalho e espaço confinado, data e local de realização do treinamento, com as assinaturas dos instrutores e do responsável técnico.

O certificado deve ser entregue ao trabalhador e uma cópia arquivada na empresa, conforme previsto no item 33.3.5.8.1 da norma.

QUESTÕES PARA FIXAÇÃO E ENTENDIMENTO

1. Quando deve ser realizado novo treinamento para trabalhadores capacitados?
2. Quais são os conteúdos a serem abordados em um treinamento para vigia?
3. Quais são os conteúdos a serem abordados em um treinamento para supervisor de entrada?
4. Quais são as Normas Regulamentadoras que devem ser abordadas em um treinamento para trabalhador autorizado e vigia?

Procedimentos de Resgate em Espaço Confinado

O resgate de uma vítima em espaço confinado é uma situação que exige treinamento, técnica e perfil psicológico dos trabalhadores e resgatistas. O vigia pode, em alguns casos, auxiliar a equipe de resgate na remoção das vítimas, mas nunca deve entrar nos espaços confinados para efetuar essa ação.

A contratação e/ou designação do resgatista deve ser criteriosa, pois existem algumas doenças e/ou condições físicas que impedem a formação desse profissional, como algumas citadas em seguida:

a) Deficiências visuais e auditivas;
b) Diabetes;
c) Doenças cardíacas;
d) Doenças da coluna vertebral;
e) Doenças psiquiátricas (antidepressivos ou tranquilizantes);
f) Epilepsia;
g) Hipertensão arterial;
h) Labirintite crônica;
i) Qualquer doença que possibilite a perda repentina de consciência ou o desequilíbrio.

A remoção de uma ou mais vítimas em um cenário da emergência exige da equipe uma análise global da situação antes da tomada de decisão. A análise de riscos deve sempre ser prioritária e fundamental, pois com essa avaliação são definidos o número de resgatistas e os equipamentos necessários para garantir a segurança dos trabalhadores.

Fatores como número de resgatistas, material disponível, peso da vítima e, principalmente, a gravidade e o seu quadro clínico influenciam na escolha da estratégia a ser traçada. É indispensável que o resgatista conheça diferentes técnicas de resgate para poder optar pela mais apropriada à situação local.

Para cada situação uma estratégia de mobilização e transporte do paciente deve ser implementada. O vigia pode resgatar a vítima por meio de guinchos e equipamentos de içamento e prestar os primeiros atendimentos quando ela estiver consciente. Em algumas situações, o vigia apenas chama a equipe especializada e aguarda a sua chegada.

Uma equipe bem treinada, quando estiver em situação de risco e/ou envolvida em um acidente em que a vítima tenha consciência, pode exercer o autorresgate. Isso depende do treinamento e do fator psicológico da vítima.

Os equipamentos de movimentação de trabalhadores devem estar previamente instalados e testados no local de trabalho antes do início das atividades. Por envolver circunstâncias diversificadas, um resgate possui operações complexas e até mesmo busca das vítimas, e os equipamentos auxiliam nessa tarefa.

Acidentes fatais com mais de uma vítima, incluindo em muitos casos o vigia, ocorrem quando são quebradas regras e alguns aspectos de segurança que devem ser seguidos para a garantia da integridade dos trabalhadores, como:

a) É proibida a entrada do vigia em um espaço confinado, exceto em locais que exigem mais de um vigia e este é vigiado por outro fora do local.

b) É proibida a utilização de sistemas e equipamentos de resgate para qualquer outra finalidade.

c) É proibido fazer o tensionamento de cordas por meio de dispositivos mecânicos (veículos, equipamentos de tração etc.).

d) Fitas de ancoragem e cordas utilizadas em locais com cantos vivos (quinas) devem ser revestidas para suas devidas proteções.

e) O tracionamento das cordas só deve ser realizado por meio de dispositivo mecânico montado com polias de resgate para adquirir multiplicação de força controlada.

f) Toda operação de montagem e equipagem dos resgatistas deve ser verificada por pelo menos duas pessoas (técnica dos seis olhos) antes de iniciar a tarefa.

g) Todo resgatista em trabalho em altura deve estar sempre conectado a pelo menos um ponto fixo à estrutura, acima da cabeça ou, no mínimo, na linha da cintura, para evitar quedas que possam causar grandes impactos em seu corpo.

h) Todos os mosquetões envolvidos nas amarrações, quando concluídas as respectivas conexões, devem ser fechados e inspecionados tátil e visualmente (mosquetão pronto e trava pronta).

i) Todos os sistemas de ancoragem para movimentação de pessoas devem ser dotados de sistema de redundância.

Na NR-18, item 18.20.1, alínea "j", temos que, para cada grupo de 20 trabalhadores, dois deles devem ser treinados para resgate.

A NR-33, em seu item NR-33.4, aborda a regulamentação para emergência e salvamento. Quando trata da equipe de resgate, regulamenta que "o pessoal responsável pela execução das medidas de salvamento deve possuir aptidão física e mental compatível com a atividade a desempenhar". Essas aptidões devem ser para atendimentos em situações de emergência em altura e/ou em espaços confinados.

O salvamento e o resgate têm três funções principais:

a) Desenvolver no local do acidente uma condição segura;

b) Preservar as condições para a saúde e aplicar a técnica de primeiros socorros para estabilizar a vítima;

c) Remover a vítima do local do acidente para um local seguro sem ocasionar-lhe danos adicionais.

A vítima deve ser socorrida e estabilizada antes que sua condição seja agravada e represente risco iminente à vida. Uma situação que deve ser avaliada e priorizada é a remoção para um local seguro, o qual deve fazer parte do planejamento de emergência em caso de acidente, bem como rotas de fuga, formas de resgate, entre outros.

As equipes devem ser treinadas para a realização dos procedimentos básicos que se relacionem com as operações de resgate, a fim de que saibam reconhecer as situações de risco envolvidas, atuando em equipe.

5.1 Equipes de Resgate

Os trabalhadores resgatistas devem ser treinados para reconhecer equipamentos utilizados em serviços de espaços confinados, em planos elevados, suas finalidades, forma de utilização e de conservação.

Na equipe de resgate deve haver pelo menos dois especialistas socorristas, capacitados em:
a) Procedimentos de primeiros socorros;
b) Procedimentos de salvamento em acesso por corda;
c) Técnicas de resgate e salvamento em altura e em espaços confinados.

Os resgates com cordas ou cabos somente devem ser realizados quando não existir a possibilidade de descida por escadas ou elevadores que ofereçam segurança, agilidade, praticidade e eficiência nas operações.

Se o ambiente estiver com atmosfera IPVS, a localização da vítima dificultar as tarefas de resgate e o seu estado for crítico, o corpo de bombeiros deve ser acionado juntamente com a unidade de apoio médico para proceder ao atendimento da vítima no local.

Além das condições citadas, nos momentos que antecedem o resgate os resgatistas devem avaliar:
a) As condições climáticas;
b) As condições psicológicas, técnicas e físicas dos resgatistas;
c) As instalações elétricas (redes eletrificadas, condutores);
d) As condições do local do acidente.

É preciso desenvolver e implementar um plano de trabalho para garantir uma operação de resgate rápida, confiável e segura, e que atenda no mínimo os seguintes itens:
a) Aplicação da melhor técnica de salvamento e resgate;
b) Utilização de recursos de comunicação que permitam ao vigia monitorar a atuação dos trabalhadores e alertá-los da necessidade de abandonar o espaço confinado;
c) Fornecimento de equipamentos adequados e específicos para essa atividade;
d) Análise e verificação dos obstáculos físicos existentes no ambiente.

Alertas

O trabalhador deve alertar o vigia sempre que:
a) Detectar uma condição proibida.
b) Reconhecer algum sinal de perigo ou sintoma de exposição a uma situação perigosa não prevista.

O vigia, por sua vez, deve alertar os trabalhadores sempre que verificar uma das condições citadas anteriormente.

Abandono

A saída de um espaço confinado deve ser processada o mais rápido possível se:
a) O trabalhador reconhecer algum sinal de perigo, risco ou sintoma de exposição a uma situação perigosa;
b) O vigia e/ou o supervisor de entrada ordenar abandono;
c) Um alarme de abandono for ativado.

Condições Psicossociais e Físicas

Todos os trabalhadores resgatistas devem estar em perfeita forma física e mental, devendo ser submetidos a exames médicos periódicos específicos para a função que vão desempenhar, conforme estabelecem as NRs-7 e 31, incluindo os fatores psicossociais com a emissão do respectivo Atestado de Saúde Ocupacional (ASO).

Também devem estar aptos para:

a) Fazer uso dos nós em cordas, quando necessário;
b) Localizar e acessar a vítima;
c) Observar o ambiente e os riscos e trabalhar em equipe.
d) Operar equipamentos de resgate em suas técnicas de salvamento;
e) Realizar, fiscalizar e orientar a execução de ancoragens;
f) Utilizar os meios de comunicações disponibilizados para a atividade;
g) Utilizar recursos disponíveis para a remoção de vítimas.

5.2 Equipamentos para Acesso e Resgate em Espaços Confinados

Para que uma operação de resgate seja bem-sucedida, é necessária a aplicação de técnicas que dependem do uso correto de equipamentos específicos para essa finalidade.

Os equipamentos destinados ao resgate são necessários para que a equipe de resgate consiga efetuar as operações de salvamento dentro e fora dos espaços confinados.

Algumas atividades de manutenção são semelhantes e repetitivas. Desta forma, as equipes de trabalho montam kits para facilitar a conferência dos ferramentais e equipamentos necessários para a sua realização. A seguir, apresentamos as tabelas com alguns exemplos de kits montados para essas finalidades:

Tabela 5.1 - Kit destinado a sistema de resgate com tirolesa ou teleférico.
Fonte: Adaptado da Apostila de NR-33 da AES Eletropaulo.

Quantidade	Descrição
04	Cintas de 1,50 m
04	Cintas de 2 m
10	Fitas anelares
20	Mosquetões de aço
06	Mosquetões de aço extragrandes
01	Placa de ancoragem com 8 furos
02	Placas de ancoragem com 4 furos
01	Polia passa nó (Kootnay)
02	Polias duplas
08	Polias simples
06	Prussiks de 6 milímetros
06	Prussiks de 7 milímetros
06	Rescucender

Tabela 5.2 - Kit destinado a resgate vertical - descensão.
Fonte: Adaptado da Apostila de NR-33 da AES Eletropaulo.

Quantidade	Descrição
02	Big oito inox com orelhas
06	Capas de proteção para fitas
04	Cintas de 1,50 m
04	Cintas de 2 m
10	Fitas anelares
01	Freios rack
02	Freios stop
10	Mosquetões de aço
04	Mosquetões de aço extragrandes
01	Placa de ancoragem com 4 furos

Quantidade	Descrição
01	Placa de ancoragem com 8 furos
02	Proteção para cordas (exemplo: caterpílar, manta, mangueira)
04	Prussiks de 6 milímetros
04	Prussiks de 7 milímetros
02	Rescucender

Tabela 5.3 - Kit destinado a resgate em espaço confinado por sistema mecânico de multiplicação de força.
Fonte: Adaptado da Apostila de NR-33 da AES Eletropaulo.

Quantidade	Descrição
06	Capas de proteção para fitas
04	Cintas de 1,50 m
04	Cintas de 2 m
10	Fitas anelares
15	Mosquetões de aço
04	Mosquetões de aço extragrandes
01	Placa de ancoragem com 4 furos
01	Placa de ancoragem com 8 furos
02	Polias duplas
04	Polias simples
02	Proteção para cordas (exemplo: caterpílar, manta, mangueira)
04	Prussiks de 6 milímetros
04	Prussiks de 7 milímetros
04	Rescucender

Tabela 5.4 - Kit destinado a resgate com sistema de tração para cabo-guia.
Fonte: Adaptado da Apostila de NR-33 da AES Eletropaulo.

Quantidade	Descrição
04	Cintas de 2 m
05	Mosquetões de aço
01	Polia dupla
02	Polias simples
04	Prussiks de 6 milímetros
04	Prussiks de 7 milímetros
02	Rescucender

Tabela 5.5 - Kit destinado a atividades em sistema de distribuição de energia elétrica subterrâneo.
Fonte: Adaptado da Apostila de NR-33 da AES Eletropaulo.

Quantidade	Descrição
01	Borda de segurança (para sistema trava-quedas). Aplicação: sustentar o funcionário em caso de queda.
01	Bota de segurança (sem biqueira de aço) sem ilhoses.
02	Calça antichama classe II - conforme NR-17 do Ministério do Trabalho e Emprego (MTE).
02	Camisa antichama classe II - conforme NR-17 do Ministério do Trabalho e Emprego (MTE).
01	Capacete de segurança fabricado em polietileno de alta densidade, sem porosidade, classe B.
02	Cinto de segurança do tipo paraquedista.
01	Conjunto impermeável - capa para chuva de trevira, revestida com filme de PVC antichama, com capuz fixo.
01	Jaqueta antichama classe II - conforme NR-17 do Ministério do Trabalho e Emprego (MTE).
01	Luva de vaqueta, luva de couro; punho franzido com elástico; cinco dedos; vaqueta curtida ao cromo, cor cinza, espessura 0,7 a 0,9 mm; reforço interno na palma.
01	Luva isolante elétrica classe "0" - 5 kV - V.TP.II - tamanho 10 pol. *Nota: a classe de isolação deve ser adequada às instalações.*
01	Máscara para partículas suspensas; do tipo máscara (não tecido).
02	Mosquetão tripla trava: elemento conector, metálico, com trava de segurança de tripla trava, para engate no cinturão paraquedista.
01	Óculos de segurança contra impactos (lentes de policarbonato incolor e escuro) para atividades que exijam proteção contra impacto nos olhos.
01	Protetor auricular (do tipo concha).
01	Protetor auricular de silicone (do tipo plugue).
01	Protetor solar: FPS 25 ou 30.
01	Sistema de freio: equipamento destinado à frenagem/ancoragem/âncora da corda de linha de vida.
01	Talabarte de posicionamento 2000 mm.
xx	Outros equipamentos, conforme a atividade.

5.2.1 Equipamentos para Proteção contra Quedas e Resgate

É mais fácil evitar uma queda do que cuidar de suas consequências. A permanência de uma pessoa inerte em qualquer tipo de cinto de segurança pode causar sérios danos fisiológicos.

Alguns estudos comprovam que em quatro minutos isso pode causar deficiência de circulação e em oito minutos inicia o processo de deficiência de O_2 no cérebro, chamado de hipóxia, podendo ter sequelas irreversíveis.

Em caso de quedas, o resgate deve ser urgente. O tempo entre a perda da consciência e o surgimento dos agravos fisiológicos é muito curto, portanto é necessário atendimento rápido e eficaz.

O Ministério do Trabalho e Emprego exige, para serviços em espaços confinados com risco de queda para os trabalhadores, a observância do item 33.3.2.5 da NR-33, definindo a utilização de equipamentos adequados que garantam, em qualquer situação, conforto e segurança do trabalhador nas três operações fundamentais:

a) Fácil movimentação de subida/descida;
b) Proteção contra eventual queda;
c) Rápido e fácil resgate por um só vigia.

Para efetuar as operações citadas anteriormente, são usados:

a) Cabos de aço ou cordas;
b) Cadeiras suspensas;
c) Cinturões de segurança;
d) Guinchos;
e) Suportes de ancoragem;
f) Trava-quedas.

Estes equipamentos criteriosamente combinados oferecem solução prática, segura e econômica para qualquer situação de trabalho envolvendo altura.

A escolha correta de um componente pode evitar um acidente. Por exemplo, quando devemos usar cabo de aço ou corda?

Para a escolha adequada, devem ser considerados os seguintes aspectos:

a) Em locais com risco de contato com fiação energizada, costuma-se usar corda devido à sua baixa condutividade elétrica.
b) Em locais com risco de movimentação do cabo sobre quinas cortantes de concreto ou aço, durante uma emergência, adota-se o cabo de aço com 8 mm de diâmetro, que possui carga de ruptura de aproximadamente 3480 kg.
c) Em serviços envolvendo solda, máquinas de corte ou produtos ácidos, costuma-se usar cabo de aço.

d) Nas indústrias farmacêuticas e alimentícias, é normal usar cabo de aço inoxidável.
e) Para segurança contra perigo de faísca em espaço confinado com atmosfera potencialmente explosiva, é comum usar equipamentos com corda sintética ou cabo de aço com revestimento sintético.

Para garantir a segurança em um resgate em altura, lembre-se sempre de:

a) Estar preso a dois pontos de ancoragem distintos;
b) Fazer a ancoragem sempre acima da cabeça, conforme desenho.
c) Utilizar os EPIs e equipamentos de resgate certificados para:
   - Acessar;
   - Estabilizar;
   - Localizar; e
   - Transportar.

Como podemos observar, os equipamentos são fundamentais para o sucesso da operação de resgate. A seguir exemplificamos alguns desses equipamentos e os cuidados necessários para sua conservação.

5.2.1.1 Cordas

Esse equipamento é o mais recomendável para o resgate do trabalhador por não causar ignição em ambiente com atmosfera explosiva. Possui diversas formas construtivas, no entanto o único tipo recomendável para resgates é o que possui construção conhecida com "capa e alma", sendo no mercado adquirido como corda Kernmantle (nome de origem germânica).

As cordas de poliéster são utilizadas para salvamento e resgate em locais com a presença de ácidos.

A construção "capa e alma", Figura 5.1, consiste em uma alma de fibras contínuas que absorvem em torno de 80% da carga. Essa alma é recoberta por uma capa trançada que protege a alma da abrasão e outros agentes agressivos, sendo responsável somente por 20% da resistência.

Figura 5.1 - Corda "capa e alma".

Por ser muito utilizada pelo trabalhador, a corda deve receber cuidados especiais como:

a) Acondicioná-la em sua bolsa de transporte correspondente e identificar por etiquetas.
b) Deve ser lavada periodicamente com sabão neutro, deixando secar a sombra, em voltas longas.
c) Evitar o contato com produtos químicos.
d) Inspecionar a capa da corda sempre após a utilização, apalpando-a cuidadosamente para sentir alguma alteração na textura ou diâmetro, ou um ponto que dobre mais facilmente que o restante, e manter uma ficha de histórico.
e) Não deve ser exposta a altas temperaturas.
f) Não deve ser exposta ao Sol sem necessidade (raios ultravioleta).
g) Não friccioná-la em ângulos agudos. Caso seja necessário, utilizar protetor de cordas.
h) Não deve ser pisada, pois isso facilita a penetração de partículas nas fibras.
i) Nunca deve ser utilizada para outra finalidade que não seja a especificada pelo fabricante.
j) Usar cores diferentes para fácil identificação e aplicação.

As cordas podem ser classificadas como estáticas, que possuem uma alma de náilon de baixo estiramento e cujos cordões internos suportam a maior resistência ao esforço, ou dinâmicas, que possuem alma, sendo a parte interna produzida com fios torcidos com três camadas de capas trançadas. São constituídas de material flexível e, ao receberem cargas, podem atingir um estiramento (esticar) até 60% antes de sua ruptura.

No momento do resgate, é importante conhecer técnicas para aplicação de "nós", pois garantem a segurança do trabalhador. A seguir, demonstramos os passos para a confecção de alguns tipos de nós mais utilizados em operações de resgate em espaços confinados.

Nó oito simples, Figura 5.2: aplicado na ponta da corda como nó didático ou para compor o oito guiado.

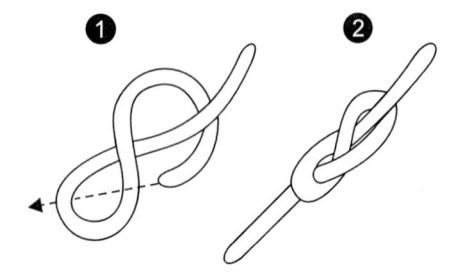

*Figura 5.2 - Nó oito simples.
Fonte: Adaptado da Apostila de NR-33 da AES Eletropaulo.*

Nó oito duplo, Figura 5.3: usado para formar uma alça que não corra, sendo muito resistente. Mantém cerca de 70% da resistência da corda.

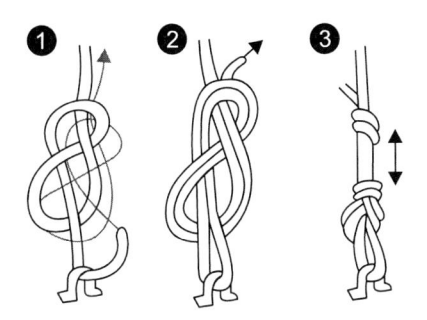

Figura 5.3 - Nó oito duplo.
Fonte: Adaptado da Apostila de NR-33 da AES Eletropaulo.

Nó oito com dupla alça, Figura 5.4: forma uma alça com duas pernas. Utilizado quando se necessita de maior resistência. Em ancoragens também é muito resistente.

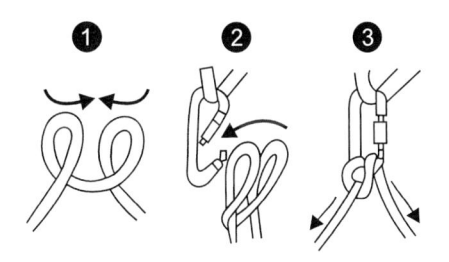

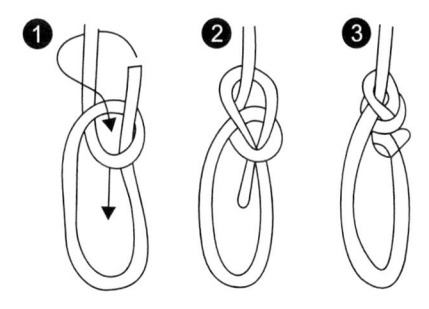

Figura 5.4 - Nó oito com dupla alça.
Fonte: Adaptado da Apostila de NR-33 da AES Eletropaulo.

Volta de fiel, Figura 5.5: para ancoragens ou para suportar equipamentos de resgate.

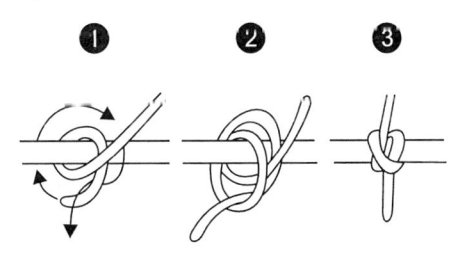

Figura 5.5 - Volta de fiel.
Fonte: Adaptado da Apostila de NR-33 da AES Eletropaulo.

Nó de segurança (cote), Figura 5.6: usado para arrematar o nó e garanti-lo ainda mais. O procedimento de execução desse nó é um entrelaçamento justo das pontas das cordas de forma a manter o laço colado ao nó.

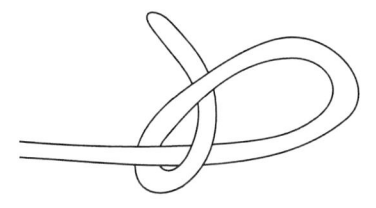

Figura 5.6 - Nó de segurança (cote).
Fonte: Adaptado da Apostila de NR-33 da AES Eletropaulo.

Lais de guia, Figura 5.7: forma uma alça que não corra. Deve-se arrematar com um nó de segurança.

Figura 5.7 - Lais de guia.
Fonte: Adaptado da Apostila de NR-33 da AES Eletropaulo.

Nó prussik, Figura 5.8: fixa cordas auxiliares à outra de maior diâmetro, para dar tensão a outros cabos. Serve para segurança e ascensão em um cabo vertical com o uso de estribos.

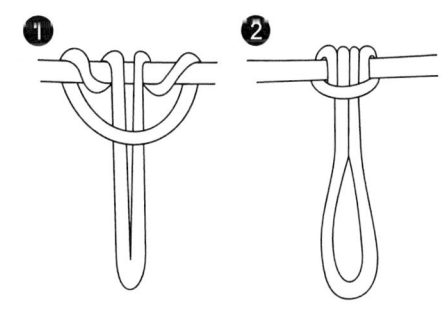

Figura 5.8 - Nó prussik.
Fonte: Adaptado da Apostila de NR-33 da AES Eletropaulo.

Nó direito, Figura 5.9: simétrico e plano, mesmo quando submetido a grandes tensões pode ser facilmente desfeito.

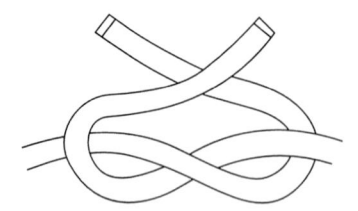

Figura 5.9 - Nó direito.
Fonte: Adaptado da Apostila de NR-33 da AES Eletropaulo.

Nó direito alceado, Figura 5.10: variação do nó direito, tem como característica principal o fato de poder ser desfeito facilmente.

Figura 5.10 - Nó direito alceado.
Fonte: Adaptado da Apostila de NR-33 da AES Eletropaulo.

Nó de Arnês, Figura 5.11: fornece uma alça pelo seio do cabo ou da corda.

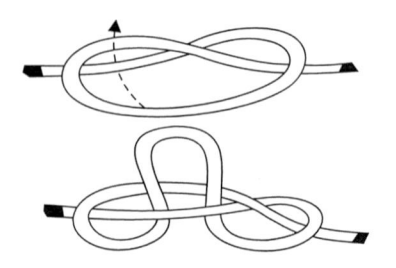

Figura 5.11 - Nó de Arnês.
Fonte: Adaptado da Apostila de NR-33 da AES Eletropaulo.

Nó carioca, Figura 5.12: também conhecido como nó de caminhoneiro, cardenal etc., serve para esticar cordas.

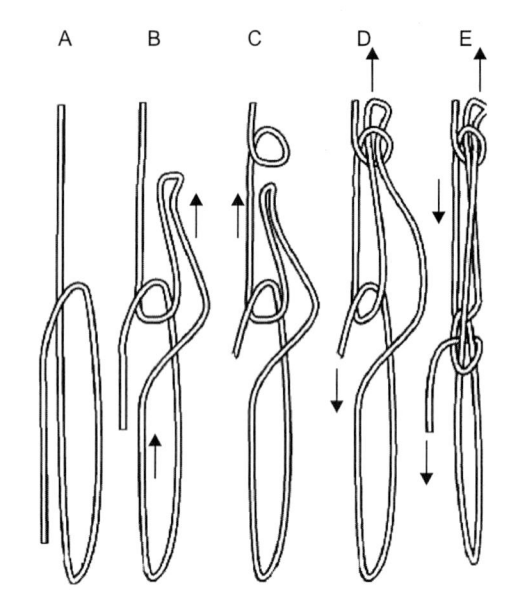

Figura 5.12 - Nó carioca.
Fonte: Adaptado da Apostila de NR-33 da AES Eletropaulo.

A seguir, apresentamos alguns vocábulos aplicados em manuseio de cordas:

a) **Bitola:** é o diâmetro da corda.
b) **Cabo-guia:** pode ser corda de orientação (cabo-guia em busca).
c) **Cabos de sustentação:** em um "sistema de cordas", é aquele que suporta a carga (objeto, vítima ou resgatista).
d) **Chicote:** são as extremidades de uma corda.
e) **Falcaça:** união dos cordões de uma corda (chicote) por meio de um fio, com a finalidade de evitar que sua extremidade desfie ou se desfaça.
f) **Permear:** procedimento de dobrar uma corda ao meio.
g) **Seio:** parte central de uma corda, situada entre os chicotes (não necessariamente o meio da corda).
h) **Sistemas de cordas:** conjunto de cordas empregadas em uma mesma atividade.

i) **Tesar:** procedimento ou ato de dar tensão a uma corda.

5.2.1.2 Fitas

As fitas se dividem em duas categorias, sendo planas e tubulares. As planas são mais rígidas e foram suplantadas pelas fitas tubulares que, além de mais flexíveis, são mais resistentes.

As fitas são muito utilizadas como elemento de fixação em ancoragens, tendo a função de:
a) Equalização de tensão sobre os meios de fixação;
b) Proteção das cordas;
c) Substituição de cordas em arestas vivas e pontos de abrasão exagerada.

A resistência das fitas à ruptura está relacionada com a sua largura e o material de fabricação, sendo utilizadas em anéis, que podem ser obtidos por meio de costuras (feitas durante o processo de fabricação) ou nós de emenda.

Os nós usados para unir as extremidades das fitas são conhecidos como "nós de fita", sendo importante deixar uma sobra de 15 centímetros em cada lado.

Os cuidados que devemos ter com as fitas são semelhantes aos das cordas, lembrando que a qualquer sinal de desgaste prematuro, elas devem ser descartadas.

O nó de fita, Figura 5.13, é o único aconselhável para junção das fitas, devendo ser revisado, pois é muito comprimido quando usado. A perda de resistência da fita no nó chega a 36%.

Figura 5.13 - Nó de fita.

5.2.1.3 Mosquetão

É um anel metálico que possui um segmento móvel, chamado gatilho, que se abre para permitir a passagem da corda ou de um anel de fixação preso ao cinturão de segurança. É desenhado para suportar carga unidirecional ao longo da sua espinha, sendo um equipamento de segurança muito utilizado em espaços confinados.

Existem diversos tipos e formatos, cada qual com uma função específica, como se pode notar na Figura 5.14. Podem fazer parte de uma costura e o seu gatilho pode ser reto ou curvo, ter o formato 'ovalado', um D assimétrico ou ainda o formato de pera (triangular). Os sem roscas podem ser usados para clipar na corda os equipamentos que são utilizados em uma determinada tarefa.

Esses equipamentos têm maior resistência quando fechados e travados com a luva de segurança, que é atarraxada até o fim do curso.

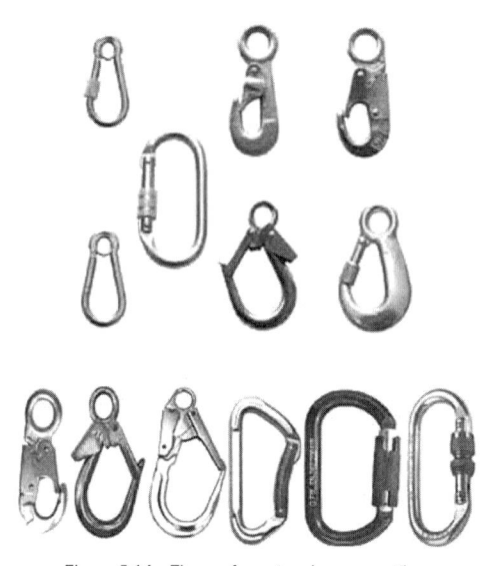

Figura 5.14 - Tipos e formatos de mosquetões.

Para resgate de pessoas em espaço confinado, os mosquetões aplicados possuem tripla trava e servem para ancoragem, sendo indispensável a máxima atenção por parte do resgatista durante essa atividade. A rosca do gatilho também pode ser manual ou automática.

Existem alguns cuidados que devem ser tomados com esses equipamentos, como:
a) Devem ser inspecionados e limpos após cada uso;
b) É preciso evitar a exposição do equipamento à tração em cantos vivos;
c) Deve-se ter cuidado no manuseio, evitando batidas e quedas acidentais;
d) Verificar a correta operação das partes móveis, colocando periodicamente uma gota de óleo fino na articulação do gatilho, e a correta operação da luva de trava do gatilho.

Quando for observada alguma anormalidade ou ocorrer qualquer situação com potencial de gerar dano, o equipamento deve ser retirado de uso e submetido à avaliação e/ou substituído.

5.2.1.4 Descensor

Esse dispositivo é destinado ao travamento do trabalhador à corda de linha de vida, sendo utilizado em conjunto com cinturão e mosquetão de segurança para a proteção do usuário contra riscos de queda na descida durante trabalhos em altura, Figura 5.15.

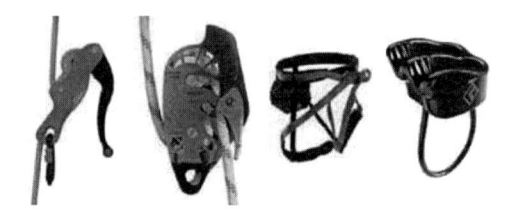

Figura 5.15 - Descensores.

5.2.1.5 Ascensor

É um dispositivo que garante a segurança necessária apenas se for utilizado com outros equipamentos compatíveis, como o trava-quedas em linha de vida, e caso o trabalhador não saiba usá-lo corretamente, deve receber instruções de como manusear essa peça adequadamente.

Esse equipamento não foi desenhado para suportar quedas e também não deve ser utilizado para progressões transversais. Para esse tipo de equipamento devem ser usadas apenas cordas de poliamida, com dimensões de 10 mm a 12,5 mm de diâmetro.

Para utilização desse equipamento, sempre deve ser montado um sistema de dupla segurança (back-up). Os orifícios superiores e simétricos do ascensor são apropriados para clipar um mosquetão que passe por ambos os orifícios e também pela corda, auxiliando em movimentações e procedimentos realizados em altura.

5.2.1.6 Polias

São empregadas em resgate para reduzir o atrito em sistemas de vantagem mecânica e modificar a direção de tração.

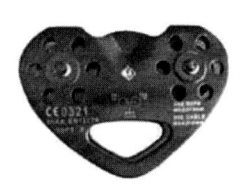

Figura 5.16 - Polias simples e duplas.

As polias utilizadas em resgate possuem roldanas simples ou duplas, Figura 5.16, com buchas de bronze ou rolamentos blindados e sistema de pratos móveis para facilitar a passagem da corda.

Alguns cuidados que devem ser tomados com as polias são os seguintes:
a) As polias não devem ser mergulhadas em soluções para limpeza;
b) Devem ser inspecionadas e limpas após cada uso;
c) Colocar periodicamente uma gota de óleo fino no eixo e verificar a correta operação;
d) Evitar a utilização em cantos vivos e com areia ou poeira abrasiva;
e) Deve-se ter cuidado no manuseio das polias, evitando quedas acidentais e batidas;
f) Verificar a correta operação das partes móveis.

Ocorrendo qualquer destas situações, que potencialmente podem gerar dano, ou ainda, se observada alguma anormalidade durante as inspeções, o equipamento deve ser retirado de uso e submetido à avaliação.

5.2.1.7 Freios

São equipamentos confeccionados em duralumínio ou aço, usados para controlar a descida em sistemas de segurança. São simples de usar e seguros. Devido à sua dificuldade de dissipar o calor gerado em grandes descidas e de travar a descida pela corda em tarefas desse tipo, exige-se bastante treinamento e controle do equipamento.

Os cuidados com os freios são basicamente os mesmos indicados para mosquetões e polias.

5.2.1.8 Rack

É um dispositivo formado por uma barra de aço com um olhal para conectar ao cinto do usuário e uma sequência de até seis barras transversais montadas no "U" que se forma do lado oposto ao olhal.

É extremamente versátil e de fácil operação. Uma de suas grandes vantagens em relação à peça oito também utilizada é a facilidade de controlar a velocidade de descida pela manipulação das barras que, quanto mais afastadas, tendem a deixar o cabo correr mais rápido, já quando mais próximas, seguram mais o cabo, reduzindo a velocidade de descida.

5.2.1.9 Cinto de Segurança

É um dispositivo posicionado por meio de fivelas ao corpo do trabalhador, Figura 5.17, feito para sustentá-lo ou evitar sua queda pelo uso de cordas ou talabartes presos com mosquetões às argolas a ele fixadas.

Figura 5.17 - Cinturão de segurança do tipo paraquedista.

De acordo com a NR-6, é considerado um EPI e deve atender a todas as normas específicas de fabricação e ensaio (NBRs) elaboradas pela ABNT, devendo possuir CA (Certificado de Aprovação). O processo de certificação é baseado em:

- Ensaios feitos em laboratórios reconhecidos pelo Ministério do Trabalho e da Administração.
- Normas brasileiras aplicadas para confecção de EPIs, como:
  a) NBR 11370/2001 - Equipamento de Proteção Individual - Cinturão e Talabarte de Segurança - Especificação e Métodos de Ensaio;
  b) NBR 14629/2000 - Equipamento de Proteção Individual - Absorvedor de Energia - Especificação e Métodos de Ensaio.

Ao recomendar ou especificar um cinto de segurança, seja ele para trabalho em altura ou espaço confinado, deve-se atentar para os seguintes pontos:
a) O trabalhador será mantido na posição adequada para executar a tarefa?
b) O trabalhador precisa ter as duas mãos livres para executar a tarefa?
c) O trabalhador recebeu treinamento e está ciente dos cuidados de inspeção prévia, armazenagem e guarda e dos riscos quanto ao uso incorreto do equipamento?
d) O trabalhador será exposto à queda livre durante a realização da tarefa?
e) Quais são as condições do ambiente e do local de trabalho?
f) Qual o tempo de permanência do trabalhador nessa posição?
g) Qual tipo de acesso será utilizado?
h) Qual o tipo de trabalho que será feito para a realização da tarefa?

Estas questões são muito importantes na definição do equipamento mais adequado para garantir a saúde e a integridade física do trabalhador. A fixação inadequada do equipamento no trabalhador pode causar sérios danos.

Durante a utilização do equipamento, o trabalhador deve evitar sua exposição a produtos químicos reconhecidamente agressivos ao náilon e o contato com materiais abrasivos, tomando cuidado para não friccionar o cabo sobre as partes do cinto durante as decidas, o que provoca o desgaste e reduz a vida útil do equipamento.

O cinturão de segurança deve ser inspecionado antes e após a realização de qualquer tarefa, observando costuras, fitas, sistemas de fixação, partes metálicas, entre outros.

5.2.1.10 Talabarte

É um componente de conexão de um sistema de segurança, regulável, a fim de sustentar, posicionar e limitar a movimentação do trabalhador. Segundo a norma NBR 15834, o talabarte não deve exceder 2 m de comprimento.

Quando tiver comprimento maior do que 0,9 m e for parte de um sistema antiqueda, deve obrigatoriamente possuir um meio de absorção de energia e ser ensaiado conforme a NBR 14629:2010.

Os conectores adotados para esse tipo de equipamento devem atender a norma NBR 15837:2010.

O talabarte, assim como as cordas e os cintos de segurança, deve ser armazenado e inspecionado antes e após a realização de uma tarefa.

Existem vários tipos de talabarte. Destacamos o tipo "Y" de fita e o tipo corda com regulador.

> *Nota*
> *Um sistema de retenção de queda deve ser efetivo durante 100% da atividade em que o trabalhador fica exposto à queda.*

5.2.1.11 Sistemas de Ancoragem

A escolha de um ponto de ancoragem é a primeira etapa a ser cumprida em se tratando de um resgate. A facilidade de encontrar e escolher os pontos de ancoragem é fundamental para a agilidade e segurança do grupo de resgate.

A ancoragem deve ser suficientemente robusta para que não sofra nenhum abalo quando receber a carga do resgate.

Existem três níveis de avaliação e ancoragem para proceder à montagem de equipamentos de movimentação e resgate.

Nível I: estruturas à prova de bomba, em que podemos fixar uma grande carga. Alguns exemplos:
a) Bases de ar condicionado com central de grande porte;
b) Colunas ou pilares;
c) Vigas de concreto;
d) Vigas metálicas;
e) Entre outros.

Nível II: estruturas confiáveis. Nesse tipo de estrutura, a fixação das cordas deve ser distribuída em diversos pontos distintos. Alguns exemplos:

a) Bases de antenas;
b) Bases de ar condicionado com central de médio porte;
c) Colunas entre janela e porta;
d) Colunas entre janelas;
e) Estruturas do telhado (madeiramento);
f) Entre outros.

Nível III: pontos de ancoragem delicados nos quais nunca devemos confiar como uma estrutura sólida. Devemos, neste caso, ancorar cada sistema em pontos distintos e também em dois pontos de dupla segurança, comumente chamados de "secundária", atentando para que esse ponto seja igual ou de melhor desempenho que o ponto principal, pois se o principal falhar, a finalidade desse segundo ponto é aguentar a carga de ruptura ocorrida no primeiro. Alguns exemplos:

a) Blocos de concreto;
b) Caixa-d'água;
c) Escadas chumbadas na parede;
d) Entre outros.

Existem vários tipos de ancoragem. Temos como exemplo a equalizada que é feita quando estamos com o ponto de descida já definido, ou seja, não precisamos mudar a posição da ancoragem para realizar a atividade de salvamento. Normalmente esse tipo de ancoragem é realizado apenas com a corda de descida, confeccionando-se um nó para a sua fixação ao sistema de salvamento, independente do uso de materiais acessórios.

5.2.1.12 Tripé com Quincho

O tripé portátil é utilizado na movimentação de pessoas para acesso e resgate em um espaço confinado, em caso de não haver pontos para ancoragem, Figura 5.18. É confeccionado em duralumínio, com ajustes de altura por meio de pino em cada uma de suas pernas, altura mínima de 1,8 metro e máxima de 3 metros. Possui sapatas móveis confeccionadas em aço com tratamento superficial anticorrosivo e borracha antiderrapante em sua base que permite o nivelamento ao piso e, via de regra, localiza-se sobre buracos ou ambientes em que não existe disponibilidade de ancoragens naturais.

Possui conjunto de correntes que possibilitam o travamento das sapatas e as pernas contêm um sistema de travamento que não permite o seu fechamento em caso de tombamento. Para facilitar o transporte, esse equipamento tem peso inferior a 20 kg e permite o acoplamento a um guincho com capacidade máxima de 150 kg para salvamento de pessoas. Seu transporte e armazenamento são realizados em sacola impermeável para garantir a integridade do equipamento em caso de necessidade de uso.

Sua estrutura permite a fixação de parafusos com olhal onde são fixadas as linhas de vida e roldanas por meio de mosquetões.

Figura 5.18 - Tripé de acesso e resgate com guincho.

5.2.1.13 Sistema de Tração ou Multiplicação de Forças

Em certas condições de resgate, a vítima deve ser removida de algum poço, depressão natural, tanque ou estrutura de espaço confinado. Seja qual for a situação, o içamento de uma maca ou de um dos equipamentos de transporte de vítimas, às vezes acompanhado de um socorrista, é tarefa pesada para qualquer equipe, exigindo perfeito domínio da utilização de roldanas, blocantes e sistemas de multiplicação de força.

Esse sistema está relacionado ao número de roldanas móveis. Normalmente se utiliza o sistema 3:1, Figura 5.19, em que o peso do objeto ou da vítima a ser içada é reduzido a um terço do valor original. Sistemas que oferecem uma multiplicação maior tornam-se inviáveis devido à quantidade de materiais empregados.

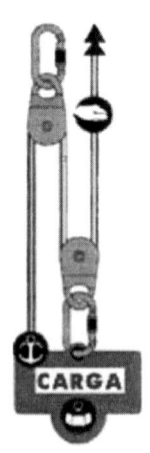

Figura 5.19 - Sistema de tração ou multiplicação de forças 3:1.

5.2.2 Equipamentos para Proteção e Resgate em Espaços Confinados

São equipamentos destinados a operações de resgate em espaço confinado, utilizados principalmente em ambientes IPVS.

5.2.2.1 Máscara com Cilindro de Oxigênio

As pessoas pensam em máscaras de gás ou respiradores como sendo máscaras plásticas ou de borracha presas ao rosto com algum cartucho de filtro. Esse modelo é chamado de respirador purificador de ar do tipo peça semifacial.

Dependendo dos agentes químicos ou biológicos no ambiente, essa meia máscara pode não ser suficiente, porque os olhos são muito sensíveis a produtos químicos e pontos de entrada fácil para as bactérias. Neste caso, um respirador facial total é o mais adequado. Ele fornece uma máscara facial e óculos transparentes que protegem os olhos.

Esse sistema é chamado de SCBA (aparelho de respiração autônomo), que possui uma máscara facial total com um cilindro de ar nas costas, Figura 5.20. Esse cilindro contém ar purificado sob alta pressão e é exatamente igual ao usado por um mergulhador.

O cilindro fornece uma pressão positiva constante à máscara facial, proporcionando a melhor proteção em atmosfera venenosa e/ou com ausência de oxigênio, mas apresenta alguns problemas:

a) Os cilindros contêm somente de 30 a 60 minutos de ar;
b) Precisam ser reabastecidos com o uso de equipamento especial;
c) São pesados e volumosos;
d) Possuem preços elevados.

Para atuar em resgates, é um sistema excelente, pois a fumaça e os vapores podem ser densos e conter misturas desconhecidas de gases venenosos, podendo expulsar a maior parte ou todo o oxigênio do ar.

Figura 5.20 - Aparelho de respiração autônomo.

5.2.2.2 Capacete de Segurança

Possui a função primordial de proteger contra queda de objetos e batidas. Em espaço confinado, o risco de lesões na cabeça é elevado. Para reduzir essa condição, é obrigatória a utilização de capacete com aba frontal, fabricado em polietileno de alta densidade, sem porosidade e classe B para áreas onde existam riscos elétricos.

5.2.2.3 Luvas

São equipamentos de proteção essenciais nas atividades de salvamento em altura, devendo ser confortáveis e adequadas ao tamanho da mão de quem as estiver usando. As luvas devem ter uma proteção extra na região da palma da mão e no dedo polegar, que são os locais mais suscetíveis a queimaduras por abrasão.

A proteção que a luva proporciona durante as atividades de resgate é imensamente superior à falta de tato que ela produz. O resgatista não deve retirá-la durante as operações, adaptando-se à sua utilização para evitar acidentes.

5.2.2.4 Protetor Auricular de Silicone (do Tipo Plugue)

Equipamento de proteção confeccionado em silicone, contendo cordão, é destinado a atividades e resgates em locais que necessitam de proteção contra ruídos excessivos.

5.2.2.5 Protetor Auricular (do Tipo Concha)

Em algumas situações com ruídos excessivos, além do protetor do tipo plugue, é necessária a utilização do tipo concha, confeccionado em poliestireno, revestido internamente por espuma de poliuretano, recoberta por película antialérgica, haste de polipropileno reforçado com fibra de náilon flexível, com um corte inferior destinado à regulagem de altura e fixação da concha por meio de parafuso, arruela e porca de náilon.

5.2.2.6 Óculos de Segurança contra Impactos (Lentes de Policarbonato Incolor e Escuro)

Em atividades que exijam a proteção dos olhos contra impactos, devem ser utilizados óculos de segurança. Para ambientes escuros são usados os modelos com lentes incolores. Em locais abertos, em que existe grande incidência de luz do Sol, são aplicados os modelos com lentes escuras para bloqueio de arcos.

5.2.2.7 Máscara com Filtro para Gás

O Programa de Proteção Respiratória, do Ministério do Trabalho, estabelecido pela Instrução Normativa no 1, de 11 de abril de 1994, traz uma literatura completa que ajuda não somente na seleção do respirador adequado ao trabalho a ser realizado, mas também propõe recomendações importantes quanto ao seu uso e cuidados.

Em espaços confinados existem diferentes tipos de gás que se encontram e/ou podem vir a ocupar o ambiente durante a execução das tarefas. Quando esses gases são conhecidos, pode-se utilizar máscara de gás com filtro específico.

Cabe alertar que, em ambientes onde exista deficiência de oxigênio, esse tipo de equipamento não é eficaz, podendo o trabalhador desmaiar e, no pior dos casos, falecer pensando que se encontra protegido.

5.2.2.8 Conjunto Impermeável - Capa para Chuva

A capa para chuva em poliéster de alta tenacidade, revestida com filme de PVC antichama e capuz fixo é utilizada em operações de resgate e atividades em dia de chuva por resgatistas e trabalhadores do lado externo do espaço confinado.

5.2.2.9 Calçados

Da mesma forma que as roupas, devem ser leves e confortáveis, atendendo a necessidades especiais, como:
a) Biqueira em policarbonato;
b) Confeccionados em solado antiperfurante;
c) Proteção do metatarso.

5.2.2.10 Uniformes Retardantes de Chama

O acabamento que retarda a propagação de chamas oferece proteção e conforto a trabalhadores expostos ao risco de fogo repentino, arco elétrico, transferência de calor, metais fundidos e fagulhas.

Diminui a gravidade das queimaduras, bem como possibilita maior tempo de fuga e socorro das vítimas em caso de acidente.

Modo de Ação dos Retardantes de Chama

Quando se aquece a celulose, ela começa a decompor-se a aproximadamente 300 ºC com desprendimento de gases inflamáveis que queimam a 350 ºC. Os acabamentos retardantes da chama desidratam a celulose, reduzindo-a a uma cadeia carbônica estável. Isso ocorre a aproximadamente 250 ºC. Como isso está muito abaixo da temperatura de ignição, o tecido não queima.

As principais propriedades do acabamento retardante de chamas são:
a) Alta solidez à lavagem a quente;
b) Alta solidez à lavagem a seco;
c) Excelente resistência à propagação de chamas;
d) Não causa irritação da pele;
e) Preserva o conforto do algodão;
f) Sem chamuscamento posterior;
g) Sem emissão de gases tóxicos.

As vestimentas de trabalho nas atividades em espaço confinado com risco de incêndio e explosão devem conter identificação visual e atender plenamente a NR-10 e a NR-18, sendo obrigatoriamente camisas de mangas longas.

O ATPV (Arc Thermal Performance Value) deve ser de no mínimo 8 cal/cm² para camisas, calças e macacão de sobrepor, e no mínimo de 40 cal/cm² para jaquetas de inverno.

A gramatura máxima para camisas e calças deve ser de 240 g/m², prévia e formalmente aprovada em testes laboratoriais, permitindo que o trabalhador e/ou resgatista tenha facilidade para a movimentação.

A jaqueta de inverno deve ser confeccionada com três camadas de tecido inerentes à chama, com gramatura máxima das camadas externa e interna de 267 g/m² e forro intermediário com feltro inerente antichama, sendo o peso total máximo para o maior tamanho (GG) de 1,8 kg.

Na escolha da gramatura do uniforme, é preciso levar em consideração os aspectos de dispêndio energético e ergonomia, conforme a NR-17 do Ministério do Trabalho e Emprego (MTE).

As faixas refletivas devem ter as seguintes características para aplicação nas vestimentas:
a) Resistência a 100 lavagens caseiras e 70 industriais;
b) A parte refletiva da faixa deve ser de no mínimo 400 candelas;
c) Devem ser antichama para no mínimo ATPV 8 cal/cm²;
d) Devem ser de cor verde-neon, branca ou amarela, com refletivo cor prata aplicado no centro e largura total de 50 mm;
e) Ser instaladas no tórax, manga da camisa (manga longa) e nas pernas da calça, cobrindo todo o contorno das vestimentas para fornecer visão 360 graus.

5.2.3 Equipamentos de Imobilização

São utilizados para a maior proteção da vítima em situação de queda e/ou quando precisa ser removida do ambiente de espaço confinado imobilizada, pois eles evitam lesões ou minimizam sua gravidade, em casos de acidente ou exposição a riscos, e também protegem o corpo no transporte da vítima.

5.2.3.1 Conjunto para Apoio de Cabeça

Protege a cabeça, reduzindo os danos após o acidente e durante o transporte da vítima.

5.2.3.2 Colar Cervical

Esse equipamento imobiliza o pescoço e deve ser utilizado em casos de trauma para proteger a coluna cervical durante o resgate e o transporte da vítima. Deve ser colocado somente após o alinhamento da coluna cervical.

5.2.3.3 Imobilizador KED

Dispositivo utilizado conjuntamente com o colar cervical, permite a imobilização e o transporte da vítima em posição sentada.

5.2.3.4 Macas

São equipamentos imprescindíveis para a evacuação de vítimas com ferimentos e devem permitir o deslocamento vertical ou horizontal. Sua construção pode ser flexível ou rígida.
a) **Flexível:** confeccionada a partir de um plástico com grande resistência à abrasão e à deformação, o que lhe confere maior leveza. Exige maior nível de conhecimento técnico da equipe para utilização.
b) **Rígida:** possui estrutura metálica, sendo mais pesada, porém mais resistente.

5.2.3.5 Triângulo de Evacuação

Dispositivo versátil e muito cômodo, destinado a vítimas conscientes que não possuem grandes lesões. Além de ocupar pouco espaço, tem pontos de ancoragem com cores indicativas, que devem ser escolhidas conforme o tamanho da vítima a ser transportada.

5.2.3.6 Escadas de Gancho ou Prolongáveis

São utilizadas em operações de salvamento em que a altura não é o maior obstáculo. Fabricadas em alumínio ou fibra de vidro, porém existem alguns modelos em aço, que caíram em desuso por conta do peso elevado.

5.2.4 Equipamentos para Sinalização e Apoio ao Resgate em Espaço Confinado

Auxiliam os resgates em espaços confinados, promovendo a redução de tempo e dos riscos durante a realização da tarefa.

5.2.4.1 Bomba com Mangueira para Drenagem

Existem espaços confinados que apresentam constante vazamento de líquidos e efluentes, sendo necessário drenar o local para permitir o acesso e/ou drenar em regime contínuo na execução das tarefas. Em algumas situações de resgate, o ambiente em que se encontram as vítimas requer que seja realizada a remoção desses produtos.

A bomba submersível deve ter como acessórios mangueiras de tamanho suficiente para jogar a vazão para longe do acesso do espaço confinado. Sua potência deve ser definida pela coluna ou altura do ambiente em que ela deve ser instalada e em função do tempo necessário para esvaziar o compartimento.

5.2.4.2 Detector de Gás à Prova de Explosão

Esse equipamento deve ser projetado com tecnologia avançada para a detecção de gás, Figura 5.21. Precisa ter características como:

a) Garantir a simplicidade e a flexibilidade no uso;
b) Alarme de vibração incorporado;
c) Alarme para recarregar as fontes de alimentação;
d) Ter alarme sonoro com aproximadamente 90 dBA;
e) Alarme visual com utilização de LED brilhante nas cores vermelha e azul;
f) Características de proteção IP-65;
g) Confiabilidade em detecção de gás nas mais críticas condições de operação;
h) Ter fonte de alimentação por bateria alcalina ou recarregável;
i) Possuir módulos de sensores inteligentes;
j) Ter no mínimo dois níveis de alarme instantâneo;
k) Conter operação por botão único;
l) Possuir sistema de ventilação forçada;
m) Possuir software de autoteste, conforme EN 61508 - Operational Safety of Electrical Electronics and Programable Electronic Equipaments;
n) Ser confiável e totalmente resistente ao tempo;
o) Ser construído à prova de choques mecânicos;
p) Ser robusto;
q) Ser simples para usar;
r) Ter software para a calibração dos limites de gás inflamável, tóxico e oxigênio.

Figura 5.21 - Detector de gás à prova de explosão. Fonte: Catálogo General Instruments.

5.2.4.3 Sacola de Lona (EPIs e/ou Ferramentas)

Dispositivo utilizado para transporte de ferramentas e EPIs com característica construtiva: bolsa de lona impermeável; com fundo reforçado de couro; chapa dura de papelão prensado com cravos de proteção; no tamanho 50 x 38 x 20 cm; armação de alumínio; revestido de lona com grampo porta cadeado. Duas alças em couro de 35 cm fixadas por rebites.

5.2.4.4 Sistema de Ventilação Forçada

A ventilação local exaustora é aplicada em espaços confinados para que os poluentes emitidos por uma fonte possam ser retirados do ambiente por um equipamento que realiza essa atmosfera, passando por um controle de poluentes (usando filtros, lavadoras etc.), ou, em alguns casos, simplesmente é dispersado na atmosfera, longe da entrada de acesso ao espaço confinado.

A ventilação local insufladora é aplicada em espaços confinados para a troca e refrigeração do ar existente no ambiente. Neste caso, nunca deve ser enviado ao ambiente oxigênio extraído diretamente de cilindros ou "puro", pois deixaria a atmosfera com índices superiores a 23%, tornando-a explosiva.

5.2.4.5 Rádio de Comunicação

É destinado à conversação entre os membros das equipes de resgate e de trabalhadores.

Durante a operação de resgate e/ou atividade em espaço confinado, pode haver falhas na transmissão desses equipamentos, gerando riscos como falha na comunicação. Portanto, para evitar acidentes, é necessária a confirmação do entendimento da mensagem transmitida pelos operadores.

5.2.4.6 Lanterna com Bateria Recarregável

Trata-se de uma ferramenta muito utilizada em espaço confinado devido à precariedade ou ausência de iluminação natural e em substituição à iluminação artificial, que geralmente não é instalada nesses ambientes.

Devem possuir características como:
a) Botão liga/desliga anticentelha;
b) Alça de transporte;
c) Comprimento do raio de luz de 200 m;
d) Protetor de impacto do botão liga/desliga;
e) Refletor grande para maior foco;
f) Possuir segurança intrínseca (antiexplosão);
g) Ser à prova de água;
h) Ser à prova de explosão;
i) Ser hermeticamente selada.

5.3 Operações de Resgate e Transporte em Espaços Confinados

Em espaços confinados, a utilização de técnicas e equipamentos adequados deve compor a operação de resgate. Antes, porém, a vítima deve ser imobilizada para ser transportada, evitando provocar ou agravar lesões preexistentes.

Em situação de resgate em espaço confinado, sempre que possível, chame o corpo de bombeiros pelo número 193. Caso a vítima já se encontre fora do espaço confinado, o Serviço de Atendimento Móvel de Urgência (SAMU) pode ser acionado em situação de emergência pelo telefone 192. Passar informações corretas para a equipe de salvamento reduz o risco de morte da vítima.

A vítima deve chegar no menor tempo possível ao hospital, independentemente da gravidade do acidente.

Converse sempre com a vítima. Mesmo que a conheça, faça perguntas como:
a) Onde você mora?
b) Qual é seu nome?
c) Você é casado(a)?
d) Você tem filhos?

Passe o máximo de tranquilidade e confiança à vítima. O fator psicológico deve ser tratado com cautela, o que ajuda muito no decorrer do procedimento.

Avise sempre a vítima sobre as ações e os procedimentos que estão sendo realizados, pois faz com que fique calma.

A imobilização deve ser realizada somente após um exame primário, priorizando sempre as condições de segurança do ambiente e a gravidade do quadro.

Existem três fatores essenciais e combinados, conhecidos como os três "As" do resgate, que devem ser respeitados antes de mobilizar a vítima:

A - Avaliação da cena ou ambiente;

A - Acesso ao trabalhador acidentado;

A - Análise inicial da situação do trabalhador acidentado.

O resgatista deve ter ciência de que não deve socorrer uma vítima se o sucesso da operação custar a sua própria vida ou a de qualquer membro da equipe de resgate. É necessário garantir, na medida do possível, a segurança da equipe de resgate e dos demais profissionais envolvidos na situação, além da segurança da própria vítima.

Em termos gerais, atividades de salvamento podem ser realizadas em locais elevados, no plano vertical, inclinado ou horizontal. O salvamento realizado em ambientes em que o socorrista tenha de subir ou descer mais de dois metros em relação ao nível do solo é denominado salvamento em altura.

Os profissionais que realizam salvamentos e/ou resgates possuem alto nível de comprometimento, tornando-se imprescindível alertar que, apesar de todos os conhecimentos teóricos e técnicos, esse resgatista deve ter experiência e bom-senso, em virtude de os trabalhos acontecerem sob pressão psicológica, sendo qualquer erro fatal.

O resgatista deve ter ciência de que nada serve socorrer uma vítima se o sucesso da operação custar a sua própria vida ou a de um bombeiro. É necessário garantir, na medida do possível, a segurança da equipe de resgate e dos demais bombeiros envolvidos na situação, além da segurança da própria vítima.

Deve-se analisar friamente cada caso e procurar soluções simples e seguras, opções alternativas, sem improvisações, preservando o conceito de risco e benefício.

Em alguns acidentes, a qualidade no atendimento e a correta imobilização, a contenção de hemorragia e a prevenção de choque do acidentado são mais importantes do que a rapidez. O perigo deve ser afastado da vítima sem submetê-la a novos danos, para que adiante seja realizada sua estabilização e seja possível aplicar as técnicas de primeiros socorros.

Em uma operação de resgate, é necessária a redundância nos quesitos de segurança. O menor número de vítimas em uma operação é o objetivo da equipe de resgate, que não deve permitir que o acidente tome maiores proporções.

Em alguns resgates, existe a necessidade de duplicar os sistemas de segurança e, se for o caso, em algumas situações críticas, até triplicá-los. Toda e qualquer operação de risco exige a redundância e a revisão do sistema de segurança implantado.

Sempre que estivermos em uma situação de resgate, devemos avaliar o esforço físico e o tempo de resgate. Com este pensamento em mente, na medida do possível devemos nos ater ao princípio da simplicidade.

Toda a equipe de resgate deve ter um líder comandando a operação, o qual deve estar preparado com mais de um plano de ação, tendo isso como uma doutrina diária.

Para uma operação de resgate, os membros da equipe devem ter as seguin-

tes condições básicas para um salvamento com segurança:
a) Confiança no líder;
b) Confiança nos companheiros de equipe;
c) Controle da situação;
d) Controle de vítimas;
e) Controle dos equipamentos e materiais;
f) Controle dos riscos;
g) Controle emocional próprio;
h) Dispor os materiais em local seguro e de fácil acesso;
i) Realizar as atividades com convicção.

5.3.1 Avaliação de Segurança

Podemos dizer que a segurança em uma operação de resgate consiste em quatro grupos:
a) Segurança coletiva;
b) Segurança dos materiais;
c) Segurança e proteção de bens;
d) Segurança individual.

5.3.1.1 Segurança Coletiva

É todo o conjunto de procedimentos realizados com o objetivo de assegurar a integridade física e/ou psicológica de determinado grupo envolvido em uma operação de resgate, sejam vítimas ou resgatistas.

A segurança coletiva é definida a partir do momento em que se tem conhecimento das características do ambiente, do número de vítimas, dos riscos eminentes, do número de resgatistas, do tipo de operação e dos recursos disponíveis.

A perda de controle da situação, a falta de conhecimentos técnicos, a inexperiência e o descontrole emocional são fatores que colocam em risco uma operação de resgate, seja em um ambiente externo ou em um espaço confinado.

5.3.1.2 Segurança Individual

Em um procedimento de resgate, toda e qualquer ação realizada pelo resgatista deve estar fundamentada em minimizar, prevenir ou isolar as possibilidades de acidentes pessoais. Essa segurança começa com a conscientização do profissional sobre os riscos existentes ou que possam surgir durante a operação de resgate em um espaço confinado.

5.3.1.3 Segurança dos Materiais

A aplicação de materiais adequados e utilizados nos procedimentos técnicos para os quais foram desenvolvidos, realizando inspeções em cada material e equipamento no início e no término das operações, contribui para a sua conservação e para que tenham a vida útil mantida e até mesmo ampliada. Ações desse tipo garantem não só a segurança dos materiais e equipamentos, mas a dos resgatistas e das vítimas envolvidas na operação.

5.3.1.4 Segurança e Proteção de Bens (Patrimônio)

A proteção dos bens deve ser realizada desde que não coloque em risco a vida de qualquer pessoa envolvida ou não na operação de resgate. Para tanto, é prioritário verificar as condições do ambiente, os materiais necessários e adequados para a proteção, os fatores adversos que impossibilitem sua proteção e listar os principais pontos a serem protegidos e a sequência de maior impacto econômico.

5.3.2 Etapas para o Resgate em Altura em um Espaço Confinado

5.3.2.1 Avaliação Prévia

Nessa etapa, deve-se reunir o maior número de informações possível por meio de contatos prévios com os vigias, trabalhadores e pessoas que possam trazer dados valiosos sobre o ambiente e o tipo de ocorrência, como:

- Altura;
- Hora do acidente;
- Idade das vítimas;
- Lugar exato ou o mais aproximado possível;
- Natureza da ocorrência;
- Número de trabalhadores no espaço confinado;
- Número de vítimas e grau de lesão;
- Tipo de atmosfera existente.

Munida das informações anteriores e estando no local da ocorrência, a equipe de resgate deve ser rigorosa nos seguintes pontos:

- Reconhecimento e preparação;
- Resgate;
- Desmobilização.

O tempo corre contra a equipe de resgate, o que pode agravar a situação para a vítima, os resgatistas e bombeiros. Os imprevistos devem ser reduzidos e, quando não ocorrem, significa que a equipe possui uma boa preparação técnica e planejamento.

5.3.2.2 O Reconhecimento do Ambiente

É preciso verificar o check-list de todas as informações levantadas anteriormente, acompanhado do vigia e/ou trabalhador que se encontra fora do espaço confinado, como:

a) Cantos de chapas;
b) Atmosfera explosiva;
c) Confirmar o número de vítimas, localização, gravidade, nível de consciência, entre outros;
d) Presença de eletricidade;
e) Presença de fogo;
f) Verificar riscos inerentes ao serviço de salvamento em alturas, como pontos de ancoragem, superfícies abrasivas, entre outros;
g) Medições de presença de produtos e gases tóxicos com detector de gás;
h) Realização da leitura da PET;
i) Avaliação da necessidade de reforços;
j) Entre outros.

Após confirmar todas as informações da ocorrência, é preciso imediatamente elaborar um plano de ação envolvendo o líder da equipe de resgate, resgatistas e colaboradores, devendo:

a) Discutir com a equipe situações vividas em resgates anteriores, abordando riscos e procedimentos mais adequados a serem tomados;
b) Atentar às decisões a serem tomadas sobre o desenvolvimento da atuação da equipe;
c) Verificar as diferenças técnicas;
d) Verificar os níveis de exigência diferenciados entre o salvamento de vítimas e a busca de um cadáver.

O resgatista deve prever os recursos necessários para a operação, como:

a) Iluminação para o ambiente;
b) Proteção contra agentes químicos;
c) Proteção contra desabamentos/escoras;

d) Proteção contra fogo;
e) Proteção contra gases tóxicos e asfixiantes;
f) Rádios para comunicação;
g) Entre outros.

5.3.2.3 Resgate e Salvamento

O resgatista deve mentalizar claramente os passos planejados para o procedimento de resgate com a montagem do sistema de ancoragem, detecção de gases, descensão, transposição, içamento de vítimas, facilidade de acesso, evitando acidentes e/ou antecipando-se a eles.

Com o acesso à vítima, o resgatista deve avaliar a sua situação e verificar a necessidade de uma equipe de apoio, bombeiros ou se a operação se resume em retirá-la do local de perigo.

A vítima deve receber apoio psicológico por parte da equipe de salvamento durante todo o procedimento de resgate.

5.3.2.4 Desmobilização

Após o término do resgate, a equipe deve efetuar o recolhimento de todos os equipamentos e materiais utilizados na operação. Em seguida, realiza-se uma reunião com todos os participantes da ocorrência (resgatistas, bombeiros e colaboradores) para que possam levantar os acertos e as falhas da atuação. A análise de tais aspectos é de suma importância para aumentar a segurança, coordenação e eficiência em ocorrências futuras.

5.4 Tipos de Resgate Realizados em Espaços Confinados

5.4.1 Autorresgate

O trabalhador bem treinado consegue desenvolver o autorresgate. Com treinamento e os EPIs adequados ele é capacitado para realizar o próprio escape, com segurança, de um ambiente confinado que entrou em situação IPVS.

Essa operação se torna possível e segura com equipamentos que são acionados apenas em caso de emergência, como o cilindro de escape. Esse equipamento permite que o trabalhador, ao ver-se em perigo, coloque o capuz, alinhando a válvula do cilindro que descarregará um fluxo contínuo de ar respirável para possibilitar a fuga do ambiente. O tempo de ar do cilindro depende do tamanho e modelo do equipamento.

5.4.2 Resgate por Vigia

Como o vigia é um trabalhador que se posiciona fora do espaço confinado e monitora os trabalhadores autorizados, ele pode e deve executar e auxiliar um resgate de vítima, desde que não haja necessidade de entrar no espaço confinado e não agrave a situação dela.

5.4.3 Resgate de Vítima de Choque Elétrico

Uma vítima de choque elétrico em ambiente de espaço confinado tem risco de morte potencialmente maior. Bem treinado, o resgatista consegue identificar os riscos da cena e desenvolver o resgate com segurança. Além do treinamento, é necessário utilizar EPIs adequados e ter capacitação, pois essa situação, quando mal planejada, pode aumentar o número de vítimas.

Alguns sinais e sintomas podem identificar uma vítima de acidente com choque elétrico:
a) Desorientação mental;
b) Hipertensão arterial;
c) Hipotensão arterial;
d) Hipotermia;
e) Intranquilidade e agitação;
f) Palidez com cianose dos lábios e da face;
g) Queimaduras (geralmente são graves e profundas);
h) Sudorese intensa;
i) Taquicardia (pode provocar até a parada cardíaca);
j) Taquipneia (podendo provocar até a apneia).

Para garantir a própria segurança e a dos demais presentes, o resgatista não deve tocar na vítima antes de se certificar de que o circuito já tenha sido desernegizado, conforme o procedimento estabelecido na NR-10.

Caso a atividade em espaço confinado seja realizada em galerias das concessionárias de energia, é preciso chamar a companhia para desenergizá-las e garantir a segurança da equipe de resgate.

Se as vítimas estão no espaço confinado em contato com um cabo energizado, é necessário utilizar técnicas específicas, além da desenergização do circuito, e manter-se afastado até a chegada dos técnicos da companhia de energia elétrica e/ou equipe especializada em resgate nessas situações.

Se há risco real de incêndio, desabamento ou explosão, a sequência de desenergização deve ser a mais rápida e segura possível.

5.4.4 Resgate de Vítima Picada por Cobra

As picadas de cobras são, na maior parte dos acidentes analisados, produzidas por cobras venenosas. O resgatista deve considerar que todas as picadas, sem distinção, sejam potencialmente perigosas para a vítima.

Uma cobra venenosa deixa na pele dois orifícios, ou dois pontos, enquanto a não venenosa deixa no local ferido a marca da arcada dentária, como um serrilhado.

As primeiras reações que aparecem na vítima são:
a) Coloração arroxeada (cianose);
b) Dor local;
c) Edema;
d) Necrose da pele.

Os sintomas sistêmicos da vítima incluem:
a) Cefaleia;
b) Dificuldade respiratória;
c) Diminuição gradativa da visão;
d) Distúrbios hemorrágicos;
e) Dores no peito e no estômago;
f) Náuseas e vômitos;
g) Suores frios;
h) Torpor (paralisia).

O socorrista deve efetuar a aplicação correta dos primeiros socorros e retardar ao máximo a absorção do veneno e a instalação de seus efeitos, inclusive prevenindo o choque neurogênico que, inevitavelmente, leva a vítima à morte.

Remova a vítima para longe do alcance da cobra, colocando-a deitada, à sombra, tentando mantê-la o mais calma possível. Explique que a agitação aumenta a circulação e, consequentemente, a distribuição do veneno. Não se recomenda a sucção da picada, porque seus riscos suplantam os benefícios.

O resgatista deve efetuar uma rápida tentativa de captura da cobra, para fins de identificação.

Afrouxar a roupa da vítima e retirar calçados, anéis, relógios ou joias evita que promovam compressões, caso se instale um edema.

A vítima precisa ser transportada imediatamente para um hospital, que deve ser avisado para já iniciar o preparo do soro antiofídico. Se conseguir capturar a cobra, ela deve ser levada, quando possível.

Observação

Mantenha a área picada rebaixada em relação à cabeça e em nenhuma hipótese ofereça bebida alcoólica ou infusões à vítima.

5.4.5 Resgate de Vítima Picada por Escorpião

Como nas picadas por cobras, o resgatista deve considerar que todas as picadas, sem distinção, sejam potencialmente perigosas para a vítima.

Os escorpiões mais perigosos encontrados no Brasil são os amarelos e os de coloração vermelho-escura, quase pretos. Encontram-se principalmente em Minas Gerais, Goiás e Bahia. Vivem em espaços que contenham fendas, lenha, telhas, pedras, madeira velha e úmida.

Seu veneno é inoculado através da pele por meio do agulhão da cauda, que ele geralmente traz encurvada para frente, sobre o corpo.

A vítima queixa-se de dor intensa imediatamente após a picada, inicialmente no local, difundindo-se rapidamente para as regiões vizinhas. No local, observa-se o aparecimento imediato de edema e coloração avermelhada.

Os primeiros sintomas são:
a) Diarreias;
b) Dor de estômago;
c) Palidez;
d) Sudorese intensa;
e) Vômitos;
f) Vontade de urinar a todo instante.

Em seguida aparecem os sintomas neurológicos, como:
a) Agitação;
b) Cefaleia;
c) Depressão;
d) Mal-estar geral;
e) Vertigens.

Sem tratamento adequado em tempo útil pode ocorrer a morte.

O resgatista deve efetuar uma rápida tentativa de captura do escorpião, para fins de identificação.

Algumas ações devem ser seguidas para o resgate:

a) Colocar a vítima deitada e tranquilizá-la;
b) Colocar compressas frias ou bolsa de gelo imediatamente sobre a picada, a fim de retardar a disseminação do veneno na corrente sanguínea;
c) Transportar a vítima com urgência para um hospital;
d) Durante o transporte, certificar-se da disponibilidade de soro específico.

5.4.6 Resgate de Vítima Picada por Aranha

O resgatista deve considerar o mesmo conceito aplicado para as picadas por cobras e escorpiões: que todas as picadas, sem distinção, são potencialmente perigosas para a vítima.

Entre as aranhas que vivem no chão estão as que possuem veneno potencialmente perigoso para o homem.

A vítima queixa-se de dor intensa imediatamente após a picada, inicialmente no local. Os primeiros sintomas são:
a) Calor;
b) Edema;
c) Prurido;
d) Queimação intensa;
e) Vermelhidão.

A seguir podem aparecer:
a) Aumento da secreção salivar;
b) Cãibras generalizadas;
c) Desmaio;
d) Diarreia;
e) Sudorese;
f) Taquicardia;
g) Vômitos.

O resgatista deve retirar a vítima do espaço confinado e colocá-la deitada, tranquilizando-a.

É preciso colocar compressas frias ou bolsa de gelo imediatamente sobre a picada, a fim de retardar a disseminação do veneno na corrente sanguínea.

Deve-se transportar a vítima com urgência para um hospital. Durante o transporte, certifique-se da disponibilidade de soro específico.

QUESTÕES PARA FIXAÇÃO E ENTENDIMENTO

1. Quais são as doenças e/ou condições físicas que impedem a formação de um resgatista?

2. Quais são as funções principais de salvamento e resgate?

3. Como a segurança pode ser garantida durante um resgate em altura em um espaço confinado?

4. Quem pode realizar o autorresgate?

5. O vigia pode entrar em um espaço confinado? Justifique.

6

Prevenção e Combate a Princípio de Incêndio

6.1 Introdução

Em muitos espaços confinados, além da instalação de equipamentos que possuem em sua engenharia construtiva desprendimentos de gases combustíveis e calor, existem características próprias que consideram esses ambientes como áreas classificadas ou explosivas. Essas condições favorecem um potencial de risco causador dos princípios de incêndio e explosão.

Os incêndios e as explosões são evitados se as instalações possuírem equipamentos devidamente dimensionados e em conformidade com as normas técnicas, Norma Regulamentadora NR-23 e demais legislações.

Pessoas capacitadas e treinadas para manusear equipamentos de extinção de princípio de incêndio em situação de emergência podem contribuir para a mitigação dos danos.

Esta preocupação é salientada na NR-33, itens 33.3.2.4 e 33.3.2.5, em que está definida a obrigatoriedade de adotar medidas de controle e/ou eliminação dos riscos de incêndio e explosão em atividades dentro de espaços confinados.

> *33.3.2.4 Adotar medidas para eliminar ou controlar os riscos de incêndio ou explosão em trabalhos a quente, tais como solda, aquecimento, esmerilhamento, corte ou outros que liberem chama aberta, faíscas ou calor.*
>
> *33.3.2.5 Adotar medidas para eliminar ou controlar os riscos de inundação, soterramento, engolfamento, incêndio, choques elétricos, eletricidade estática, queimaduras, quedas, escorregamentos, impactos, esmagamentos, amputações e outros que possam afetar a segurança e saúde dos trabalhadores.*

6.2 Fogo ou Combustão

6.2.1 Definição

Fogo ou combustão constitui um processo químico de transformação entre um combustível e um comburente que libera calor e luz. A luz desprendida no processo de queima pode variar de cor, conforme a estrutura molecular do material combustível.

Para que haja uma combustão, é necessário unirmos alguns elementos básicos:
a) Comburente;
b) Combustível;
c) Fonte de calor.

Além desses elementos, existe um fator predominante para que aconteça a combustão, ou seja, é necessário o estabelecimento de uma condição favorável.

Os elementos básicos somados a esta condição favorável fazem surgir um quarto elemento denominado **reação química em cadeia**.

A falta de um desses elementos ou a não condição favorável não permite que essa combustão aconteça.

6.2.2 Tipos de Combustão

6.2.2.1 Combustão Espontânea

São combustíveis que entram em ignição espontaneamente a partir da liberação de seus gases em contato com o comburente, sem necessitar de uma fonte externa de calor.

6.2.2.2 Combustão Incompleta

A combustão nessa fase libera alta temperatura (calor) e algumas vezes pode até ter chama. Em ambientes pobres em oxigênio a chama não encontra oxigênio suficiente para que se manifeste por completo.

6.2.2.3 Combustão Completa

A combustão nessa fase libera alta temperatura (calor) e chamas, característico em ambientes que tenham porcentual de oxigênio suficiente para que a chama se manifeste por completo e mantenha o processo de combustão.

6.2.2.4 Combustão de Explosão

Nessa fase ela é resultante da presença de gás combustível confinado, podendo o ambiente estar com percentual de oxigênio acima de 23% (atmosfera rica em oxigênio). Quando existir uma fonte de ignição externa, ocorre a queima em altíssima velocidade de gases.

6.2.3 Elementos Essenciais para uma Combustão

A primeira representação da combustão foi composta por três elementos que constituem o chamado **triângulo do fogo**. Os elementos são **o combustível, o comburente e o calor (fonte de calor)**.

Observando o comportamento do fogo, foi acrescentado um quarto elemento, sendo a **reação química em cadeia**, e sua representação passou a se chama **quadrado do fogo ou tetraedro do fogo**.

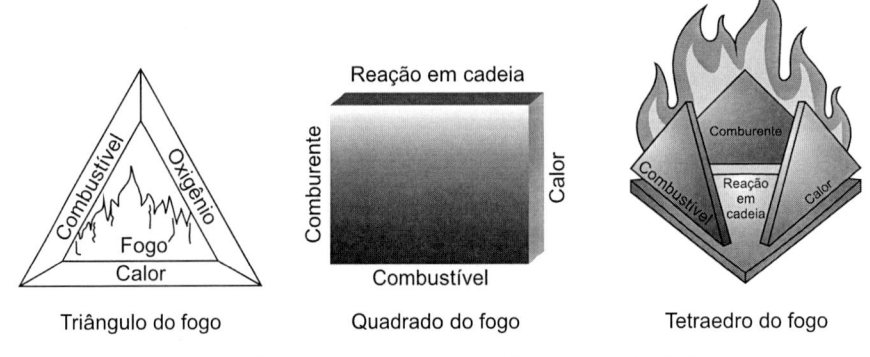

Figura 6.1 - Fases da representação geométrica dos elementos do fogo.
Fonte: Adaptado do livro NR-10 - Guia Prático de Análise e Aplicação, Érica, 2010.

6.2.4 Elementos do Fogo

6.2.4.1 Combustível

É qualquer **substância** que reage com o **oxigênio** (ou outro **comburente**) liberando **energia**. É o elemento alimentador do fogo, que pode ser sólido, líquido ou gasoso.

Combustível Sólido

É o material que efetua uma queima em profundidade e no final de sua combustão deixa resíduos. Por este motivo, o seu combate deve ser de forma eficiente e por completo. Quando isso não for possível, será necessário um trabalho que recebe o nome de rescaldo. Todo o tempo necessário será preciso resfriar o local para que o fogo não retorne novamente.

Exemplos:
a) Borrachas;
b) Madeiras;
c) Papéis;
d) Plásticos
e) Tecidos;
f) Entre outros.

Figura 6.2 - Combustível sólido.
Fonte: NR-10 - Guia Prático de Análise e Aplicação, Érica, 2010.

Líquidos

São produtos inflamáveis que liberam gases em pontos de fulgor escalonado e, ao serem expostos à fonte de calor, atingem os seus pontos de ignição, dependendo da sua composição química, tornando-se mais ou menos inflamáveis.

Combustíveis Voláteis

São líquidos inflamáveis que liberam gases em temperatura ambiente. Eles devem ser monitorados para que se reduza ao máximo o contato com uma fonte de calor.

Exemplos:
a) Álcool;
b) Gasolina;
c) Tíner;
d) Entre outros.

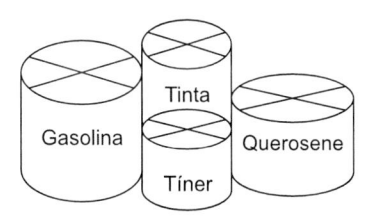

Figura 6.3 - Combustíveis voláteis.
Fonte: NR-10 - Guia Prático de Análise e Aplicação, Érica, 2010.

Combustíveis não Voláteis

Neste caso, os líquidos inflamáveis dependem de uma temperatura mais elevada para que a liberação aconteça.

Exemplos:
a) Asfalto;
b) Graxa;
c) Parafina;
d) Entre outros.

Gasosos

São os gases liberados dos materiais combustíveis em processo de combustão, existentes em determinados ambientes de trabalho ou que possam vir a se desenvolver.

Exemplos:
a) Butano;
b) Metano;
c) Propano;
d) Entre outros.

Comburente

É todo elemento que, associando-se quimicamente ao combustível, é capaz de fazê-lo entrar em combustão na presença de uma fonte de calor inicial. O oxigênio é o principal comburente.

A quantidade de oxigênio no ambiente é que vai determinar se haverá ou não uma combustão.

Essa quantidade é dividida da seguinte forma:
a) **0 a 8% de oxigênio:** não há chama.
b) **9 a 13% de oxigênio:** há uma combustão lenta.
c) **14 a 21% de oxigênio:** suficiente para que haja combustão ou para que ela se mantenha.

Fonte de Calor

É a condição favorável causadora da combustão. Gerada da transformação de outra energia pelo processo físico ou químico.

Uma fonte de calor pode ser oriunda de alguns fatores como:
a) Ao acender uma lâmpada;
b) Aquecimento de um condutor por sobrecorrente;
c) Atrito de uma pedra;
d) Curto-circuito;
e) Palito de fósforo aceso;
f) Ponta de cigarro acesa;
g) Raio;
h) Entre outros.

> **Nota**
> Uma mesma fonte de calor pode ser suficiente para provocar a ignição de diferentes materiais ou não.

Reação Química em Cadeia

É uma sequência de reações provocada por um elemento ou grupo de elementos e que gera novas reações entre si. É a combustão que se processa em cadeia e, após a partida inicial, é mantida pelo calor irradiado durante o processo da reação, atingindo o combustível, o que provoca a decomposição das partículas que combinam com o comburente, provocando uma nova reação e formando um ciclo constante.

6.3 Pontos de Temperatura

Existem três pontos de temperatura para a liberação de gases de um combustível. São explicados a seguir.

6.3.1 Ponto de Fulgor

É a temperatura até a qual o material combustível precisa ser aquecido para liberar gases, necessitando do contato com uma fonte externa de calor. Após a remoção desta fonte externa, a chama não se mantém, pois a produção de gás inflamável é insuficiente para manter a combustão.

Figura 6.4 - Ponto de fulgor.
Fonte: NR-10 - Guia Prático de Análise e Aplicação, Érica, 2010.

6.3.2 Ponto de Combustão

É a temperatura mínima necessária para que um combustível desprenda vapores ou gases inflamáveis que, combinados com o oxigênio do ar e em contato com uma chama ou centelha externa, se inflamam. Mantém o fogo ou transformação em cadeia, mesmo com a retirada da fonte externa de calor, devido à quantidade de vapores liberados.

Figura 6.5 - Ponto de combustão.
Fonte: NR-10 - Guia Prático de Análise e Aplicação, Érica, 2010.

6.3.3 Ponto de Ignição

É aquele necessário para que a temperatura mínima de um combustível desprenda gases inflamáveis e entre em combustão, apenas com o contato do oxigênio do ar, independente de uma fonte externa de calor.

Figura 6.6 - Ponto de ignição.
Fonte: NR-10 - Guia Prático de Análise e Aplicação, Érica, 2010.

Tabela 6.1 - Pontos de temperaturas de alguns materiais. Fonte: Apostila do SENAI - Adaptada pelo autor.

Pontos de temperatura de alguns materiais		
Materiais combustíveis	Ponto de fulgor	Ponto de ignição
Álcool etílico	12,6ºC	371ºC
Gasolina padrão	−42ºC (vaso fechado)	257ºC
Querosene Iluminante	38 a 73,5ºC	254ºC
Graxa	220ºC	Não se aplica
Parafina	199ºC	245ºC
Asfalto	235ºC	Não se aplica
Butano	Não se aplica	405ºC
Metano	Não se aplica	528ºC
H2S	Não se aplica	260ºC
Acetileno	Não se aplica	305ºC

6.4 Propagação do Calor

O calor é uma forma de energia produzida pela combustão ou originada do atrito dos corpos. A propagação é o nome atribuído ao momento em que o fogo se alastra.

Esse processo foi dividido em três fases:
a) Condução;
b) Convecção;
c) Irradiação.

6.4.1 Condução

É a transmissão do calor por contato direto com outro material combustível. O calor aquece o material, que atinge o seu ponto de fulgor e imediatamente entra em combustão por estar em contato direto com sua fonte.

Figura 6.7 - Condução do calor.
Fonte: NR-10 - Guia Prático de Análise e Aplicação, Érica, 2010.

6.4.2 Convecção

É o processo em que a energia calorifica é transmitida por meio do aquecimento das moléculas dos gases que se deslocam dentro do ambiente.

Os gases quentes e inflamáveis concentram-se na parte superior do ambiente, pelo movimento ascendente de massas.

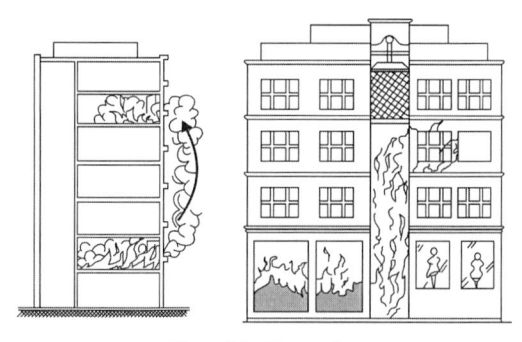

Figura 6.8 - Convecção.
Fonte: NR-10 - Guia Prático de Análise e Aplicação, Érica, 2010.

6.4.3 Irradiação

É a transmissão por ondas de ar quente sem a necessidade de nenhum meio de material combustível, fazendo com que o material que está sendo aquecido entre em seu ponto de ignição e a combustão aconteça.

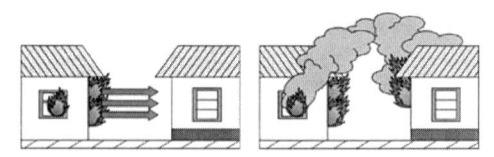

Figura 6.9 - Irradiação.
Fonte: NR-10 - Guia Prático de Análise e Aplicação, Érica, 2010.

6.5 Métodos de Extinção de Combustão

Para que seja possível extinguir uma combustão, é preciso eliminar um dos elementos do tetraedro do fogo. Para cada elemento é necessário aplicar métodos específicos.

6.5.1 Abafamento

É o meio de extinção pela retirada do comburente (oxigênio). É preciso lembrar a regra de que, se esse oxigênio for diminuído abaixo de 8% no ambiente que estiver pegando fogo, será possível extingui-lo.

Figura 6.10 - Abafamento.
Fonte: NR-10 - Guia Prático de Análise e Aplicação, Érica, 2010.

6.5.2 Resfriamento

Consiste na redução da temperatura do material combustível que está sendo queimado, diminuindo, consequentemente, a liberação de gases ou vapores inflamáveis.

Figura 6.11 - Resfriamento.
Fonte: NR-10 - Guia Prático de Análise e Aplicação, Érica, 2010.

6.5.3 Retirada do Material ou Isolamento

É o momento em que não há como abafar ou resfriar. Neste caso, o que deve ser feito é afastar o material combustível que estiver pegando fogo ou retirar os outros combustíveis que estão ao seu redor.

Figura 6.12 - Retirada do material ou isolamento.
Fonte: NR-10 - Guia Prático de Análise e Aplicação, Érica, 2010.

6.5.4 Quebra da Reação Química em Cadeia

Consiste na utilização de componentes químicos, previamente estudados, que, lançados sobre as chamas, interrompem a reação química em cadeia.

Figura 6.13 - Quebra da reação química.
Fonte: NR-10 - Guia Prático de Análise e Aplicação, Érica, 2010.

6.6 Classes de Incêndio

Incêndios são classificados de acordo com as características dos seus combustíveis. Somente com o conhecimento da natureza do material que está queimando é possível descobrir o melhor método para uma extinção rápida e segura.

Quase todos os materiais são combustíveis; no entanto, devido à diferença na sua composição, queimam de formas diferentes e exigem maneiras diversas de extinção do fogo. Convencionou-se dividir os incêndios em cinco classes apresentadas em seguida.

6.6.1 Classe A

Essa classe refere-se aos materiais sólidos, que são mais difíceis de combater pelo fato de a queima ocorrer na superfície e em profundidade. São extintos principalmente pelo método de resfriamento e, às vezes, por abafamento com jato pulverizado.

6.6.2 Classe B

Essa classe refere-se aos materiais líquidos inflamáveis e gasosos ou aos sólidos que se liquefazem para entrar em combustão. Esses materiais queimam somente em superfície. Para combater esse tipo de material, é necessário fazer a retirada do oxigênio que compõe o ar e abafar o ambiente.

Figura 6.14 - Combustíveis sólidos.

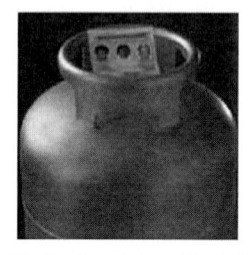

Figura 6.15 - Combustíveis líquidos inflamáveis.
Fonte: NR-10 - Guia Prático de Análise e Aplicação, Érica, 2010.

6.6.3 Classe C

Essa classe caracteriza-se como fogo em materiais ou equipamentos energizados. Apesar de esses equipamentos fazerem parte da classe A, não podemos combatê-los com agente extintor de água ou de espuma. É preciso um agente que não seja condutor de energia para que o combate não se torne outro acidente quando da sua extinção.

Exemplos de materiais da classe C energizados:
a) Cabine primária;
b) Computador;
c) Fios e cabos;
d) Máquinas e equipamento elétricos em geral;
e) Quadro de distribuição.

Figura 6.16 - Materiais/equipamentos energizados.
Fonte: NR-10 - Guia Prático de Análise e Aplicação, Érica, 2010.

> **Nota**
> Após a desenergização dos equipamentos elétricos, eles podem ser combatidos como classe A (materiais sólidos) ou B (líquidos inflamáveis).

6.6.4 Classe D

Caracteriza-se como fogo em metais combustíveis (pirofóricos). Apesar de serem materiais sólidos, eles foram segregados para uma classe exclusiva, assim como no caso dos materiais energizados.

Qualquer outro agente pode ter reações de explosões violentas ou mesmo não eliminar a combustão.

> **Nota**
> Esse tipo de incêndio é extinto pelo método de abafamento. Nunca deve ser utilizado extintor de água ou espuma.

Exemplos de materiais pirofóricos:
a) Magnésio;
b) Potássio;
c) Titânio;
d) Zinco;
e) Entre outros.

Figura 6.17 - Metais pirofóricos.
Fonte: NR-10 - Guia Prático de Análise e Aplicação, Érica, 2010.

6.6.5 Classe K

Essa classe foi criada para facilitar o combate a incêndio em cozinhas industriais. Por não possuírem um agente extintor específico, no combate ao fogo, esses elementos acabam criando outro problema, como a contaminação dos alimentos e danos aos equipamentos elétricos.

Exemplos de materiais pertencentes à classe K:
a) Banhas quentes;
b) Gordura;
c) Óleo;
d) Entre outros.

Figura 6.18 - Óleo e gorduras vegetais e animais.
Fonte: NR-10 - Guia Prático de Análise e Aplicação, Érica, 2010.

6.7 Agentes Extintores

São materiais usados para apagar o fogo, os quais podem ser sólidos, líquidos ou gasosos. Cada um desses materiais age de forma diferente, usando os métodos de extinção abafamento ou resfriamento.

Esses materiais aplicados ao fogo interferem na sua química, provocando uma descontinuidade em um ou mais lados do tetraedro do fogo, alterando as condições para que haja fogo.

6.7.1 Extintores Portáteis

Existem vários equipamentos utilizados para combater um incêndio, mas no princípio de incêndio os equipamentos de extinção mais usados são os extintores portáteis.

Trata-se de equipamentos de tamanho variado que não ultrapassam 25 kg e podem ser carregados por uma pessoa, mas contêm pouca quantidade de agente para combater um incêndio que não esteja no princípio.

Um extintor deve ser usado por pessoas treinadas e que saibam o agente ideal para combater a classe de incêndio do combustível que está em combustão.

O uso do agente inadequado ou a falta de habilidade ao usar esse aparelho podem provocar acidentes graves, desde alastrar rapidamente o fogo como provocar ferimentos graves ao usuário do equipamento.

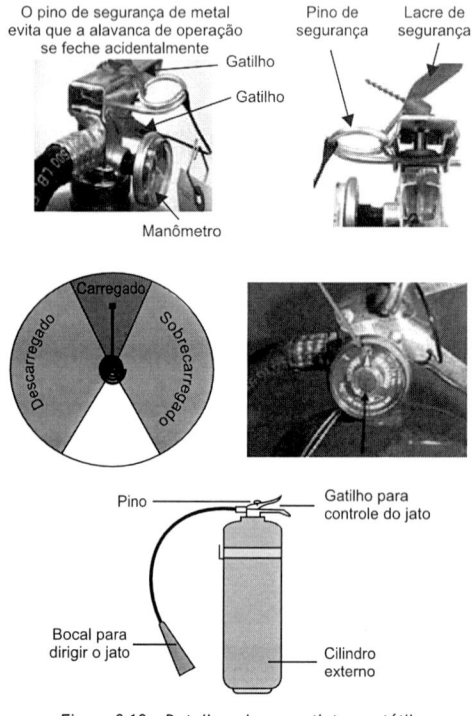

Figura 6.19 - Detalhes de um extintor portátil.
Fonte: NR-10 - Guia Prático de Análise e Aplicação, Érica, 2010.

6.7.2 Tipos de Extintores Portáteis

6.7.2.1 Extintor de Água Pressurizada

Extintor portátil com dez litros de água, o qual deve ser usado em incêndio do tipo classe A. O seu método de extinção é por resfriamento e ou abafamento, excelente em materiais sólidos.

É proibido o uso de água em:

a) **Fogo de classe C** (material elétrico energizado), por ser boa condutora de eletricidade.

b) **Produtos químicos (classe D)**, tais como pó de alumínio, magnésio, carbonato de potássio, pois em contato como a água reagem de forma violenta.

c) **Combustíveis líquidos (classe B)**, pois espalha o foco do incêndio (somente pode utilizar o agente água com técnicas e táticas apropriadas).

Figura 6.20 - Extintor de água pressurizada.
Fonte: NR-10 - Guia Prático de Análise e Aplicação, Érica, 2010.

6.7.2.2 Extintor de Espuma Mecânica

Esse extintor é utilizado nas classes A e B. Eficaz nos produtos líquidos inflamáveis, retira o comburente do ar e apaga a chama, trabalhando assim na forma de abafamento. No caso dos materiais de classe A, ele é totalmente eficiente por não conter água suficiente para encharcar o material combustível sólido. Neste caso, deve ser feita uma vistoria no local para que não haja uma nova ignição.

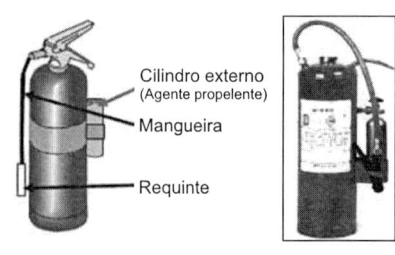

Figura 6.21 - Extintor de espuma mecânica.
Fonte: NR-10 - Guia Prático de Análise e Aplicação, Érica, 2010.

6.7.2.3 Extintor de Pó Químico Seco

A base desse extintor é bicarbonato de sódio. É usado nas classes B e C, e a sua forma de extinção consiste na retirada do oxigênio. Na classe B é eficaz e na classe C tem como característica danificar toda a parte elétrica com a qual ele entrar em contato, mas não é condutor de energia. Os tamanhos mais comuns são 4, 6, 8 e 12 kg.

Figura 6.22 - Extintor de pó químico seco.

6.7.2.4 Extintor de Gás Carbônico

O gás carbônico também é chamado de dióxido de carbono, sendo armazenado em cilindros especiais, pois se liquefaz a pressão de 60 atm e tem alto poder de expansão.

Ao ser aliviado, há uma queda de temperatura de até –78ºC, formando a "neve carbônica".

Atua por abafamento, pois envolve o combustível, reduzindo a concentração de oxigênio no ambiente, e por resfriamento, devido à queda de temperatura, possuindo eficiência nas classes C e B. Os tamanhos mais comuns são 2, 4 e 6 kg.

Figura 6.23 - Extintor de gás carbônico.

6.7.2.5 Extintor de Pó Químico Especial

A base desse agente é cloreto de sódio, grafite ou pó de talco, entre outros, sendo eficaz na atuação só na classe D. Ele age isolando o metal da atmosfera e resfriando o material. Trata-se de extintor portátil com 9 kg.

Figura 6.24 - Extintor de pó químico especial.

6.7.2.6 Extintor de Fosfato de Monoamônico (Pó - ABC)

O agente fosfato de monoamônico é um pó que isola os materiais combustíveis de classe A. Ele derrete e adere à superfície do material em combustão, fazendo com que esse combustível sólido não tenha uma ignição novamente. Age por abafamento e não é condutor de energia. A sua aplicação é eficiente para as classes A, B e C. Os tamanhos mais comuns são 4, 6, 8 e 12 kg.

Figura 6.25 - Extintor de fosfato de monoamônico (pó - ABC).

6.7.2.7 Extintor de Acetato de Potássio

O agente acetato de potássio é um pó diluído em água que faz a mistura ficar úmida. Apesar disso, no contato com óleo quente ou gordura não tem reação violenta como a água, por exemplo. Age por resfriamento e pode ser utilizado nas classes A e K.

Figura 6.26 - Extintor de acetato de potássio.

6.7.3 Utilização do Extintor

As legislações determinam que os extintores portáteis estejam:

- Desobstruídos (livres de qualquer obstáculo que possa dificultar o acesso até eles);
- Instalados entre 20 cm e 1,60 m de altura, medindo do piso à parte superior do aparelho;
- Visíveis.

a) Transporte-o na posição vertical segurando no manípulo.

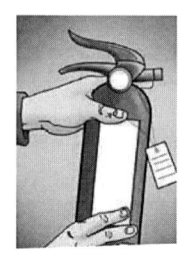

Figura 6.27 - Extintor posição vertical.

b) Retire o selo ou cavilha de segurança.

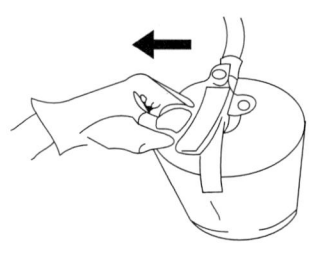

Figura 6.28 - Retirada de selo ou cavilha de segurança.

c) Pressione a alavanca.

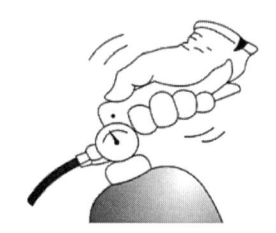

Figura 6.29 - Alavanca pressionada.

d) Dirija o jato para a base das chamas.

Figura 6.30 - Direcionamento do jato para a base das chamas. Fonte: NR-10 - Guia Prático de Análise e Aplicação, Érica, 2010.

e) Varra devagar toda a superfície.

Figura 6.31 - Varredura da superfície. Fonte: NR-10 - Guia Prático de Análise e Aplicação, Érica, 2010.

Nota 1

a) Fique sempre na direção do vento, nunca de frente para ele.
b) Na hora do combate, mantenha o extintor erguido e perto do seu corpo, assim pode se locomover melhor, se for preciso, principalmente se o vento mudar de direção.
c) Aperte o gatilho e mantenha-o apertado até o fim da combustão ou do agente extintor.

Nota 2

A utilização de quase todos os extintores é feita da mesma maneira, exceto o extintor de gás carbônico. Para o seu manuseio, é preciso tocar apenas no gatilho, na alça e no punho de segurança fixado no final da mangueira perto do difusor. O gás carbônico faz congelar todas as partes com as quais ele entra em contato. Outro detalhe importante para o fogo na classe B é o direcionamento do difusor, que deve ser de forma expansiva para não alastrar o fogo com a sua pressão, e na classe C deve-se manter o difusor na base do fogo.

Nota 3

Extintores sobre rodas (carreta) são de grande volume. Para facilitar seu manejo e deslocamento, são montados sobre rodas.

Nota 4

Para a eliminação de uma combustão, é possível utilizar areia, terra, cal e outros, desde que sejam em quantidade suficiente. Esses tipos de agentes extintores utilizam o método de abafamento.

6.7.4 Rótulo de Classe de Fogo

As classes de incêndio também são divididas em cores e desenhos padronizados.

- Classe A tem a cor verde;
- Classe B tem a cor vermelha;
- Classe C tem a cor azul;
- Classe D tem a cor amarela;
- Classe K tem a cor preta.

CLASSE A
Materiais sólidos que deixam resíduos, como madeira, papel, tecido e borracha.

CLASSE B
Materiais líquidos inflamáveis, graxas e gases combustíveis.

CLASSE C
Materiais de equipamentos elétricos energizados.

CLASSE D
Materiais em metais pirofóricos, como magnésio, selênio, potássio etc.

CLASSE K
Fogo em óleo e gordura em cozinhas.

Figura 6.32 - Rótulo de classe de fogo.
Fonte: NR-10 - Guia Prático de Análise e Aplicação, Érica, 2010.

6.7.5 Instruções Gerais em Caso de Emergência

6.7.5.1 Responsabilidades da Brigada

A brigada de incêndio tem por objetivo auxiliar a empresa na proteção contra incêndio. Suas principais atribuições são:

a) A evacuação de pessoal;
b) A guarda e a manutenção dos equipamentos de combate a incêndio;
c) A prevenção a incêndios;
d) Combate a incêndios;
e) Isolamento predial, de máquinas ou equipamentos.
f) Salvamento de vidas.

6.7.5.2 Treinamento

As empresas devem promover treinamentos sempre intercalando em teóricos e práticos:

- **Treinamento teórico**
  a) Plano de abandono;
  b) Plano de atendimento de emergência;
  c) Revisão dos procedimentos internos de prevenção e combate a incêndio;
  d) Utilização de equipamentos de combate a incêndio.

- **Treinamento prático**
  a) Executar as atividades relacionadas aos treinamentos teóricos;
  b) Podem ser realizados em campo externo, como, por exemplo, em dependências do corpo de bombeiros;
  c) Podem ser realizados na fábrica.

6.7.5.3 Evacuação de Área

É a ação de desocupar um ambiente, pavilhão ou prédio, em razão de uma emergência, quando autorizado pelo coordenador da área ou central de comando.

Tem o objetivo de assegurar o bem-estar físico das pessoas em iminência de um sinistro.

6.7.5.4 Rota de Fuga

É o caminho ou a direção a ser seguida em caso de emergência, visando à saída segura das pessoas. Fazem parte da rota de fuga:

a) Corredores;
b) Escadas;
c) Passagens;
d) Portas corta-fogo;
e) Entre outros.

Nota

a) *Conheça todas as rotas de fuga existentes no local de trabalho.*
b) *Não obstrua nem danifique as portas de emergência.*
c) *Procure nunca utilizar os elevadores nos casos de suspeita de incêndio.*
d) *Sempre desça pelas escadas e nunca suba.*
e) *Todas as escadas de emergência destinadas a rotas de fuga devem possuir portas corta-fogo, construídas para resistir ao fogo por um período de, no mínimo, 90 minutos.*

6.7.6 Inspeções de Equipamentos de Extinção

Para garantia da manutenção da conformidade e do atendimento a requisitos normativos, é necessária inspeção periódica nos equipamentos de extinção de incêndios, a saber:

- **Inspeção mensal**

Seu intuito é verificar e avaliar as condições dos equipamentos no local em que foram instalados, tendo como premissa a constatação da conformidade dos seguintes itens:

a) Certificação da data de validade da recarga e do teste hidrostático;
b) Verificação das condições dos cascos e mangueiras dos extintores portáteis;
c) Verificação do pino de travamento da válvula (não deve ser extraviado);
d) Verificação da pressão do elemento propulsor, pela observação da posição do ponteiro do manômetro. Ele deve estar sempre indicando a cor verde.

- **Inspeção anual**

a) Garantia dos meios de controle para efetivar a recarga do agente extintor uma vez ao ano;
b) Garantia dos meios de controle para efetivar teste hidrostático do invólucro a cada cinco anos (esse teste será feito três vezes ao longo da vida da carcaça).

A NR-23 do Ministério do Trabalho traz o procedimento dessa inspeção conforme a descrição a seguir:

23.14 Inspeções dos extintores.

23.14.1 Todo extintor deverá ter 1 (uma) ficha de controle de inspeção.

23.14.2 Cada extintor deverá ser inspecionado visualmente a cada mês, examinando-se o seu aspecto externo, os lacres, os manômetros, quando o extintor for do tipo pressurizado, verificando se o bico e válvulas de alívio não estão entupidos.

23.14.3 Cada extintor deverá ter uma etiqueta de identificação presa ao seu bojo, com data em que foi carregado, data para recarga e número de identificação. Essa etiqueta deverá ser protegida convenientemente a fim de evitar que esses dados sejam danificados.

23.14.4 Os cilindros dos extintores de pressão injetada deverão ser pesados semestralmente. Se a perda de peso for além de 10% (dez por cento) do peso original, deverá ser providenciada a sua recarga.

23.14.5 O extintor tipo "Espuma" deverá ser recarregado anualmente.

23.14.6. As operações de recarga dos extintores deverão ser feitas de acordo com normas técnicas oficiais vigentes no País.

Todo extintor deve ter uma ficha de controle de inspeção.

Todo extintor deverá ter (uma) ficha de controle de inspeção.

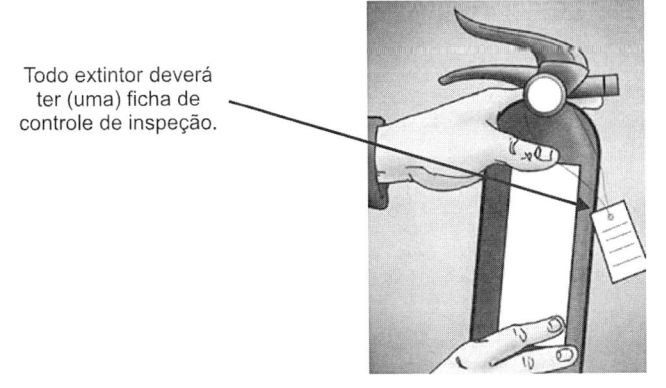

Figura 6.33 - Ficha de controle de inspeção.
Fonte: NR-10 - Guia Prático de Análise e Aplicação.

Tabela 6.2 - Check-list de inspeção.
Fonte: Adaptado do Livro NR-10: Guia Prático de Análise e Aplicação, Érica, 2010.

Marca:			Tipo:			Extintor nº:
Ativo fixo:			Local:			ABNT nº:
Histórico						Código e reparos
Data	Recebido	Inspecionado	Reparado	Instrução	Incêndio	
						1. Substituição de gatilho
						2. Substituição de difusor
						3. Mangote
						4. Válvula de segurança
						5. Válvula completa
						6. Válvula cilindro adicional
						7. Pintura
						8. Manômetro
						9. Teste hidrostático
						10. Recarregado
						11. Usado em incêndio
						12. Usado em instrução
						13. Diversos
Controle de extintores						

QUESTÕES PARA FIXAÇÃO E ENTENDIMENTO

1. O que é combustão?

2. O que é combustível?

3. Cite três combustíveis sólidos, três combustíveis líquidos e três combustíveis gasosos.

4. Quais são os elementos que formam o tetraedro?

5. Defina: ponto de fulgor, ponto de combustão e ponto de ignição.

6. Quais são os modos de propagação do fogo?

7. Quais são os meios de extinção do fogo?

8. Quais são as classes de incêndio?

9. Quais são os tipos de extintores existentes?

Anotações

7

Primeiros Socorros

7.1 Introdução

Situações de emergência que envolvem atividades em espaços confinados podem acontecer mesmo que a empresa efetive medidas de proteção contra os riscos, uma vez que o ser humano é passível de mal súbito ou até mesmo de se envolver em um acidente.

Cabe ao supervisor de entrada adquirir técnicas de atendimento à vítima ou manter meios para que o vigia possa acionar a equipe de emergência existente na empresa, de forma a realizar procedimento de salvamento e atendimento de vítimas. Para isso, deve concentrar no local da ocorrência todos os recursos e uma equipe especializada para efetivar as ações de resgate e primeiros socorros.

Em eventos com acidente, ocorridos na empresa ou em qualquer local, nos deparamos muitas vezes com vítimas que são projetadas sobre partes rotativas de equipamentos, quedas, queimadura, entre outros acontecimentos.

Nestes casos, contudo, se você estivesse no local, qual seria sua reação para prestar socorro, evitando a morte da vítima?

Este é um grande desafio. Conduzir uma situação de caráter emergencial e realizar o atendimento de primeiros socorros de modo a avaliar o cenário e a gravidade em que a vítima se encontra, como, por exemplo, identificação de uma parada respiratória, cardíaca ou hemorragias, possuindo habilidade para aplicar o procedimento adequado em cada uma dessas situações. Cuidados em casos de queimadura, envenenamento e o transporte seguro do acidentado são técnicas desenvolvidas e administradas por um socorrista.

Figura 7.1 - Acidente de trabalho.
Fonte: NR-10 - Guia Prático de Análise e Aplicação, Érica, 2010.

Os procedimentos de primeiros socorros incluem o primeiro atendimento à vítima no local do evento para que haja condições seguras de seu transporte para outros locais que tenham recursos para tratamento definitivo.

Condutas devem ser consideradas pelo responsável que está atendendo o socorro:

a) Ações efetivas para evitar a morte.
b) Avaliação do estado da vítima, evitando aumento da dor e sofrimento.

c) Evitar procedimentos que promovam agravo do estado atual.
d) Utilizar técnicas de atendimento à vítima para que tenha melhores condições de receber um tratamento definitivo.

Para melhor entendimento da avaliação e da aplicação de técnicas de primeiro atendimento às vítimas, este capítulo traz detalhes que devem ser observados. Considerando que a aplicação correta do atendimento de primeiros socorros precisa seguir diretrizes da legislação brasileira, conforme o artigo 135 do Código Penal Brasileiro - Omissão de Socorro, a prestação de socorro é um dever de todo e qualquer cidadão, desde que tenha condições de fazê-lo sem riscos pessoais.

As possíveis emergências em espaços confinados podem ser:
a) Desmaios;
b) Entorse e luxações;
c) Hemorragias;
d) Intoxicações e envenenamento;
e) Parada cardiorrespiratória;
f) Queimaduras.

> **Nota**
> A realização dos primeiros socorros deve seguir o protocolo para ressuscitação cardiopulmonar/atendimento cardiovascular de emergência (RCP/ACE) lançado pela **American Heart Association** (AHA) em novembro de 2010 (Chicago, IL, EUA). Nesse protocolo, houve alteração da sequência de procedimentos do suporte básico de vida de A-B-C (abertura de vias aéreas, boa ventilação, circulação/compressões) para C-A-B (circulação/compressões, abertura de vias aéreas, boa ventilação).

7.2 Parada cardiorrespiratória

Parada respiratória é a ausência de fluxo de ar nos pulmões, ocasionada pela ausência de movimentos respiratórios em razão de colapso dos pulmões, paralisia do diafragma, obstrução da via respiratória com engasgo por alimentos, prótese dentária, vômito etc. Geralmente coincide e é precedida ou leva à parada cardíaca.

Numa situação de emergência, para verificar se a vítima está respirando, é preciso que o socorrista (quem está prestando socorro à vítima) aproxime-se do rosto da vítima e observe se há **movimento do tórax, saída de ar do nariz ou boca** e **sons de respiração**. Alguns sinais que identificam uma parada respiratória são inconsciência; lábios, língua e unhas azulados (cianose); ausência de movimentos do peito (movimentos respiratórios).

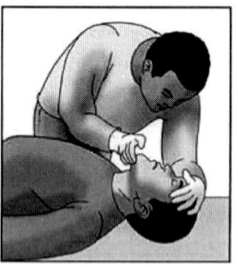

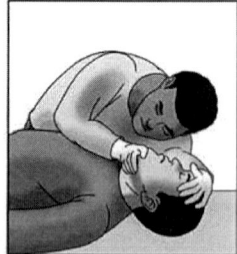

Figura 7.2 - Parada respiratória.

A parada cardíaca caracteriza-se como a parada dos batimentos do coração. Os casos de parada cardíaca exigem ação imediata e podem ser constatados pela observação dos seguintes sinais: **inconsciência, ausência de pulso, palidez intensa, extremidades frias e dilatação das pupilas**.

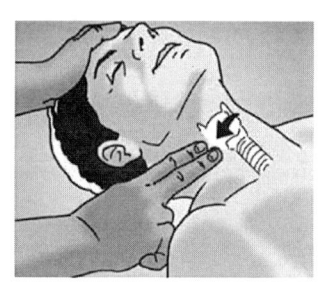

Figura 7.3 - Parada cardíaca.

Numa situação de emergência, para saber se o coração da vítima está batendo, o socorrista deve verificar o pulso, **colocando os dedos indicador e médio bem no meio do pescoço da vítima e deslizando-os para o lado até encontrar o vão entre a traqueia e o músculo do pescoço**. Se a vítima não apresentar pulsação, pode caracterizar uma parada cardíaca.

Verificada a ausência de pulsação, a primeira ação a ser tomada pelo socorrista é a realização da compressão torácica (massagem cardíaca).

> **Nota**
> Frequência de compressão mínima de 100/minuto (em vez de "aproximadamente" 100/minuto, como era antes).

7.2.1 Procedimentos do Socorrista

Para realizar os primeiros atendimentos emergenciais em casos de acidentes, seguem algumas etapas:

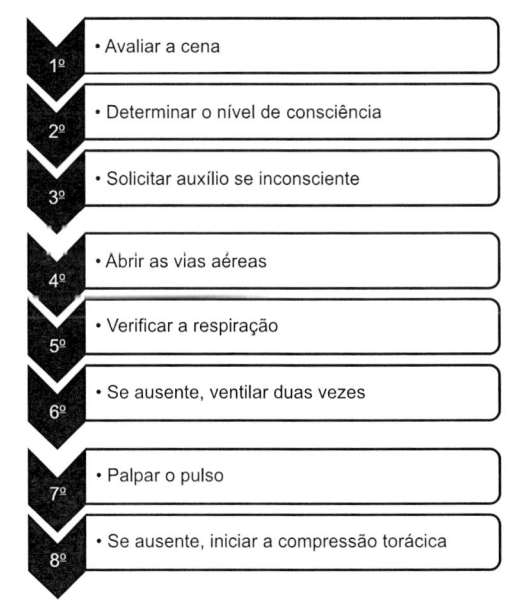

- 1º • Avaliar a cena
- 2º • Determinar o nível de consciência
- 3º • Solicitar auxílio se inconsciente
- 4º • Abrir as vias aéreas
- 5º • Verificar a respiração
- 6º • Se ausente, ventilar duas vezes
- 7º • Palpar o pulso
- 8º • Se ausente, iniciar a compressão torácica

Figura 7.4 - Procedimento do socorrista.

a) **Desobstrução das vias aéreas**

Incline a cabeça da vítima para trás. Observe se há algum objeto ou queda da língua, obstruindo a passagem do ar.

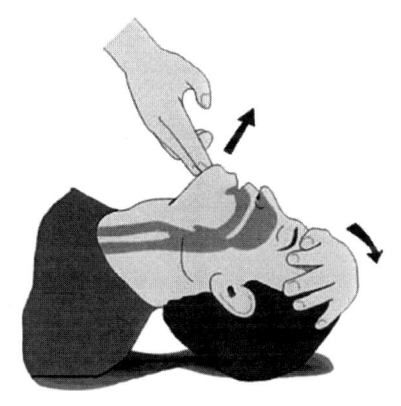

Figura 7.5 - Desobstrução das vias aéreas.

A manobra dos dedos cruzados, como na Figura 7.6, consiste em pressionar o dedo indicador contra os dentes superiores e o polegar - cruzado sobre o indicador - contra os dentes inferiores, sendo recomendada para a desobstrução manual das vias aéreas.

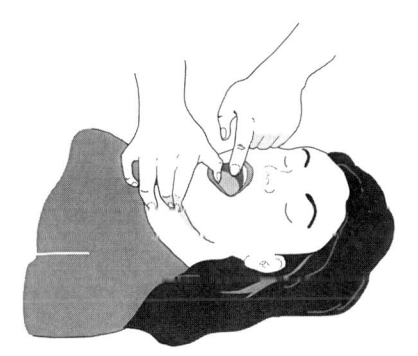

Figura 7.6 - Manobra dos dedos cruzados.

b) **Método boca a boca ou boca máscara**

Segundo as novas diretrizes para execução da Ressuscitação Cardiopulmonar (RCP), exclui-se a respiração boca a boca como uma parte importante dos procedimentos.

"Estudos apontam que tal prática acaba reduzindo as chances de sobrevivência do paciente com parada cardíaca. Pessoas submetidas somente às compressões contínuas no peito apresentaram uma taxa de sobrevivência três vezes maior. Por esse motivo, a Aliança Internacional dos Comitês de Ressuscitação (Ilcor, na sigla em inglês), entidade que reúne as principais associações de cardiologia, muda as diretrizes para procedimentos de emergência em parada cardíaca a partir de 2010."

Fonte: www.ammg.org.br/jornaledição_119

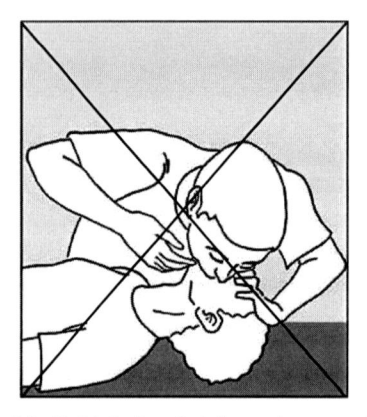

Figura 7.7 - Proibição do método boca a boca para leigos.

Atenção

Há casos em que o socorrista não pode aplicar esse método, por exemplo, quando a vítima apresentar traumatismo na boca. Nestes casos, o socorrista pode fechar a boca e soprar pelo nariz.

c) **Massagem cardíaca ou compressão torácica**

É o método efetivo de ressuscitação cardíaca que consiste em aplicações rítmicas de pressão sobre o terço inferior do esterno.

O aumento generalizado da pressão no interior do tórax e a compressão do coração fazem com que o sangue circule. Mesmo com a aplicação perfeita das técnicas, a quantidade de sangue que circula está entre 10 a 30% do normal.

d) **Posicionamento para a respiração cardiorrespiratória**

Do acidentado

Posicionar em superfície plana e firme.

Mantê-lo em decúbito dorsal, para permitir as manobras da abertura das vias aéreas e da respiração artificial.

A cabeça não deve ficar mais alta que os pés, para não prejudicar o fluxo sanguíneo cerebral.

Da pessoa que presta socorro

Esta deve ajoelhar-se ao lado do acidentado, de modo que seus ombros fiquem diretamente sobre o esterno do acidentado.

Figura 7.8 - Manter a vítima em decúbito dorsal.

Localize o osso esterno, posicionando dois dedos.

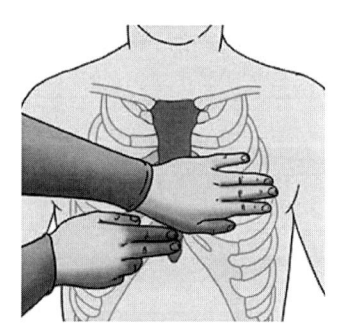

Figura 7.9 - Localização do esterno.

Logo acima dos dedos, posicione a palma da mão e coloque a outra mão por cima.

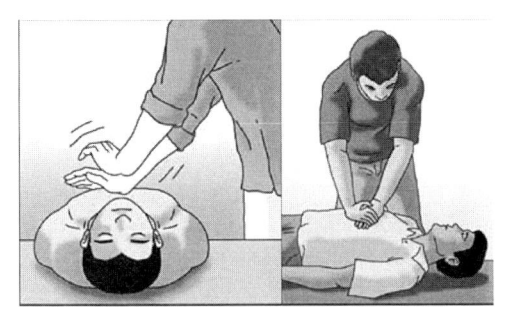

Figura 7.10 - Posicionamento das mãos.

Realize a compressão cardíaca com bastante vigor, empurrando o esterno para baixo, cerca de três centímetros, a fim de comprimir o coração de encontro à coluna vertebral, depois, descomprima.

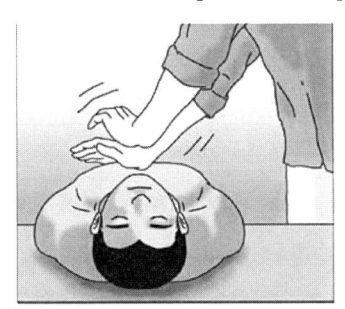

Figura 7.11 - Posicionamento correto para compressão cardíaca.

Quando há uma parada cardíaca, a respiração também se interrompe. Desta forma, se a vítima não for socorrida a tempo, a falta de oxigênio pode levá-la à morte ou causar lesões permanentes no cérebro.

7.3 Hemorragias

É a perda de sangue através de ferimentos, pelas cavidades naturais como nariz, boca, entre outras. Ela pode ser também interna, resultante de um traumatismo.

As hemorragias podem ser classificadas inicialmente em arteriais e venosas, e para fins de primeiros socorros, em internas e externas.

- **Hemorragias arteriais:** são aquelas em que o sangue sai em jato pulsátil e com coloração vermelho-vivo.

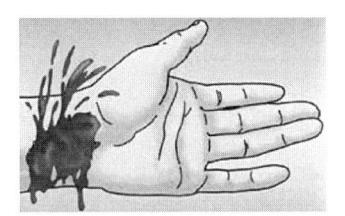

Figura 7.12 - Hemorragia arterial.

- **Hemorragias venosas:** são aquelas em que o sangue é mais escuro e sai contínua e lentamente, escorrendo pela ferida.

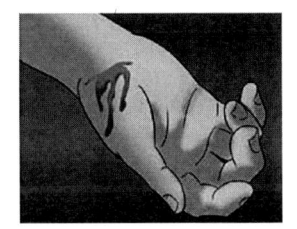

Figura 7.13 - Hemorragia venosa.

- **Hemorragias externas:** o sangue é eliminado para o exterior do organismo, como acontece em qualquer ferimento externo, ou quando se processa nos órgãos internos que se comunicam com o exterior, como o tubo digestivo, os pulmões ou as vias urinárias.

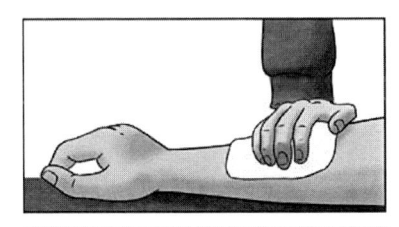

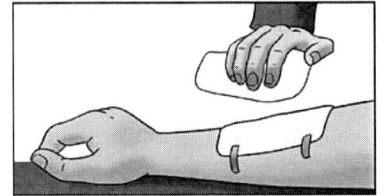

Figura 7.14 - Hemorragia externa.

- **Hemorragias internas:** nas quais o sangue extravasa em uma cavidade pré-formada do organismo, como o peritoneu, pleura, pericárdio, meninges, cavidade craniana e câmara do olho.

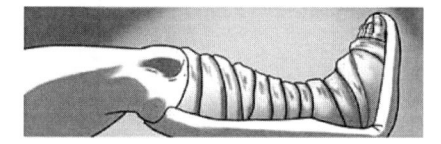

Figura 7.16 - Elevação de membro lesado.

Consequências das Hemorragias

As hemorragias lentas e crônicas (por exemplo, através de uma úlcera) causam anemia, ou seja, baixam a quantidade de glóbulos vermelhos.

As hemorragias graves não tratadas ocasionam estado de choque e morte.

7.3.1 Procedimento para Controle de Hemorragia Externa

Um indivíduo pode suportar a perda de um litro de sangue, que ocorre em período de horas, mas não tolera essa mesma perda se ela ocorrer em minutos.

A rápida contenção da hemorragia requer medidas de controle eficazes para evitar que a vítima entre em estado de choque, conforme descrito em seguida:

Compressão sobre a Lesão

É feita de forma simples. Coloca-se um pano limpo, gaze ou bandagem sobre o ferimento, comprimindo-o. Esta é a forma mais simples e eficaz.

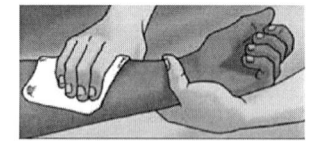

Figura 7.15 - Compressão sobre a lesão.

Elevação do Membro Lesado

Realizada a compressão na lesão, o membro ferido deve ser elevado para que o fluxo sanguíneo diminua na região da lesão.

Compressão dos Pontos Arteriais

Existem artérias que podem ser apalpadas por estarem mais próximas da superfície da pele. Pela compressão nos pontos em que se encontram essas artérias, interrompe-se o sangramento do local afetado. Deve-se comprimir a artéria atingida acima do ferimento.

Veja algumas das regiões recomendadas para compressão das artérias:

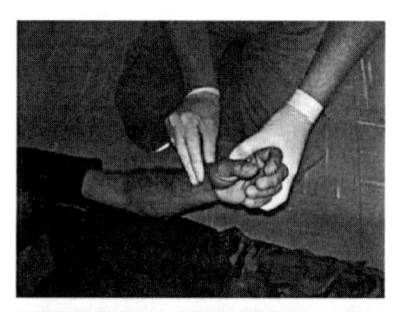

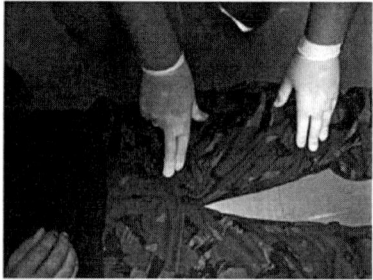

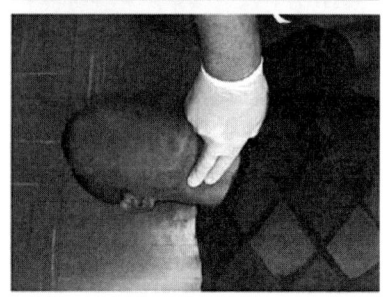

Figura 7.17 - Compressão dos pontos arteriais.

7.4 Imobilização

A hemorragia pode ocorrer quando o osso perfura a musculatura, tecidos ou pele. Deve-se imobilizar a vítima para reduzir o risco de hemorragia. Portanto, não deve haver movimentação contínua nesse local, pois se isso ocorrer, pode agravar a hemorragia.

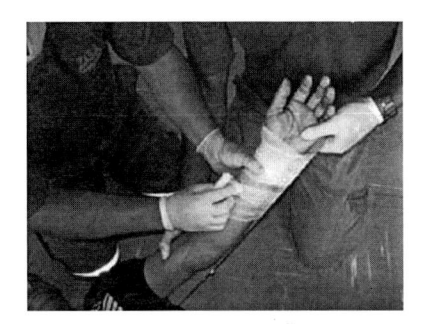

Figura 7.18 - Imobilização.

Observação
Nunca tente colocar o osso de uma fratura exposta para dentro do ferimento.

A imobilização reduz o sangramento e ajuda na diminuição da hemorragia.

7.5 Queimaduras

São lesões causadas quando a pele entra em contato com temperaturas extremas (fogo ou gelo), produtos químicos (como soda cáustica), eletricidade e radiações, entre outros.

Podem ter as seguintes classificações:

Tabela 7.1 - Classificação das queimaduras.

Grau	Causa	Profundidade	Cor	Enchimento capilar	Sensação da dor
1º grau	Luz solar ou Chamuscamento pouco intenso	Epiderme	Eritema	Presente	Dolorosa
2º grau	Chamuscamento ou líquidos ferventes	Epiderme e derme	Eritema e bolhas	Presente	Dolorosa
3º grau	Chama direta	Todas as camadas	Branca, preta ou marrom	Ausente	Pouca dor, anestesiada

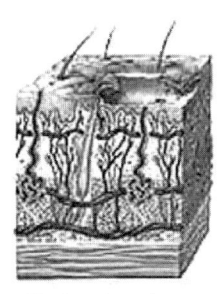

Queimadura de primeiro grau

Queimadura de segundo grau

Queimadura de terceiro grau

Figura 7.19 - Queimaduras.

O socorrista deve realizar algumas ações imediatas como:

a) Em queimaduras elétricas, verificar a possível presença de parada cardiorrespiratória;
b) Encaminhar a vítima imediatamente para atendimento médico especializado;
c) Proteger o local da lesão com gaze, pano limpo ou lenço para aliviar a dor e impedir o contato com o ar;
d) Resfriar o local com soro fisiológico ou com água corrente;
e) Retirar relógio, pulseiras, brincos, cintos e adornos em geral, pois esses objetos armazenam calor.

7.6 Intoxicações e Envenenamentos

O envenenamento ou intoxicação resulta da penetração de substância tóxica/nociva no organismo através da pele, aspiração e ingestão.

Sinais e sintomas:

- Alterações da respiração e do pulso;
- Dor e sensação de queimação nas vias de penetração e sistemas correspondentes;
- Hálito com odor estranho;
- Lesões cutâneas;
- Náuseas e vômitos;
- Sonolência, confusão mental, alucinações e delírios, estado de coma.

Intoxicação por Monóxido de Carbono (CO)

O CO é um gás inodoro e incolor presente na fumaça do escapamento de automóveis, sendo o produto da combustão de diversos materiais.

A morte ocorre por lesão cardíaca produzida pela falta de oxigênio.

A cianose não aparece e a coloração vermelho-cereja da pele e mucosas descrita como um sinal clássico é rara.

Quadro Clínico em Caso de Intoxicação

Leve → dor de cabeça pulsátil e dispneia aos esforços.

Moderada → dor de cabeça, irritabilidade, tonteira, visão diminuída e dispneia em repouso.

Severa → confusão mental ou inconsciência, convulsões.

7.7 Entorses

São lesões dos ligamentos das articulações, os quais esticam além de sua amplitude normal, rompendo-se. Quando ocorre entorse, há uma distensão dos ligamentos, mas não há o deslocamento completo dos ossos da articulação.

Luxações

São lesões em que a extremidade de um dos ossos que compõem uma articulação é deslocada. O dano a tecidos moles pode ser muito grave, afetando vasos sanguíneos, nervos e cápsula articular.

Primeiros Socorros para Entorses e Luxações

a) Aplicar gelo ou compressas frias durante as primeiras 24 horas.
b) Após este tempo, aplicar compressas mornas.
c) Imobilizar o local como nas fraturas.
d) Fazer a imobilização na posição que for mais cômoda para o acidentado.

7.8 Desmaio

É a perda súbita, temporária e repentina da consciência, devido à diminuição de sangue e oxigênio no cérebro.

Principais Causas

a) Acidentes, principalmente os que envolvem perda sanguínea;
b) Ambientes fechados e quentes;
c) Cansaço excessivo;
d) Disritmias cardíacas (bradicardia);
e) Mudança súbita de posição.

Primeiros Socorros

Se a pessoa apenas começou a desfalecer:
a) Sentá-la em uma cadeira ou outro local semelhante.
b) Curvá-la para frente.
c) Baixar a cabeça do acidentado, colocando-a entre as pernas, e pressioná-la para baixo.
d) Manter a cabeça mais baixa que os joelhos.
e) Fazê-la respirar profundamente até que passe o mal-estar.

7.9 Transporte de Acidentados

Existem várias maneiras de transportar um acidentado. Cada maneira é compatível com o tipo de situação em que o acidentado se encontra e as circunstâncias gerais do acidente. Cada técnica de transporte requer habilidade e uma maneira específica para que seja executada. Quase sempre é necessário o auxílio de outras pessoas, orientadas por quem estiver prestando os primeiros socorros.

Ao transportar um acidentado, alguns cuidados devem ser tomados para não agravar lesões existentes. No primeiro momento parece ser fácil transportar uma vítima, porém se não for feito corretamente, pode deixar sequelas no acidentado para o resto de sua vida.

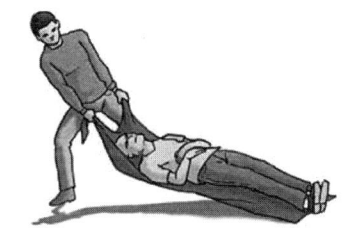

Figura 7.20 - Transporte individual de acidentados.

O transporte da vítima só deve ser feito se for absolutamente necessário, ou seja, se a vítima estiver em local de perigo iminente, como desabamento, incêndio, explosão etc.; caso contrário, deve-se esperar o atendimento médico no local.

Existem métodos seguros de transporte de acidentados, entre eles:

Uma Pessoa - de Apoio

Passe o seu braço em torno da cintura da vítima e o braço da vítima ao redor de seu pescoço.

Figura 7.21 - Transporte de acidentados com apoio.

Uma Pessoa - Cadeirinha

Faça a cadeirinha conforme indica a Figura 7.22. Passe os braços da vítima ao redor do seu pescoço e levante-a.

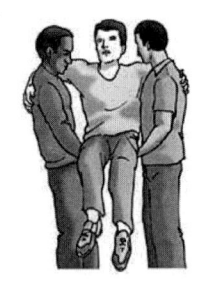

Figura 7.22 - Transporte de acidentados - cadeirinha.

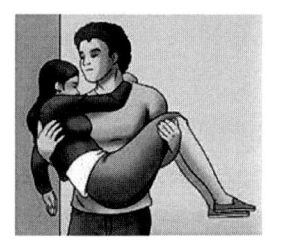

Figura 7.23 - Transporte de acidentados no colo.

Transporte no Colo

Uma pessoa sozinha pode levantar e transportar um acidentado, colocando um braço debaixo dos joelhos do acidentado e o outro, bem firme, em torno de suas costas, inclinando o corpo um pouco para trás.

Usa-se esse tipo de transporte em casos de envenenamento ou picada por animal peçonhento, estando o acidentado consciente, ou em casos de fratura, exceto da coluna vertebral.

Transporte de Maca

A maca é o melhor meio de transporte. Pode-se ainda usar uma tábua larga e rígida ou mesmo uma porta.

Nos casos de fratura de coluna vertebral, deve-se tomar o cuidado de acolchoar as curvaturas da coluna para que o próprio peso não lese a medula.

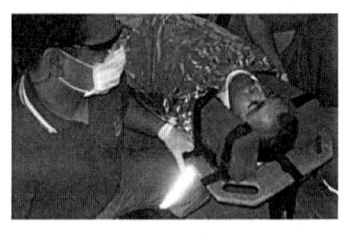

Figura 7.24 - Transporte de acidentados com maca.

QUESTÕES PARA FIXAÇÃO E ENTENDIMENTO

1. Qual a responsabilidade do supervisor de entrada em casos de emergência?

2. O que são primeiros socorros?

3. O que o socorrista deve lembrar sempre que for praticar as técnicas de primeiros socorros?

4. Cite algumas das possíveis emergências em espaços confinados.

5. Quais procedimentos o socorrista deve praticar para realizar o atendimento à vítima?

Exemplos e Estudos de Casos

Neste capítulo, são abordados casos e exemplos de acidentes que envolvem atividades em espaço confinado, objetivando a reflexão e o entendimento prático das aplicações de técnicas de segurança que podem contribuir para preservar a saúde e a vida dos trabalhadores.

Caso 1: Asfixia por Nitrogênio - Novembro de 2005

Acidente fatal na refinaria de Valero, cidade de Delaware, DE.

Em 5 de novembro de 2005, dois trabalhadores morreram na refinaria da Valero Energy Corp. na cidade de Delaware, DE.

Os funcionários precisavam entrar no vaso do reator, um espaço confinado que estava preenchido com nitrogênio, cuja característica é ser um gás invisível e inodoro.

O acidente ocorreu em uma atividade de manutenção na instalação de produção que processava 180 mil barris de óleo por dia.

O complexo é uma das 18 refinarias da empresa Valero nos Estados Unidos e possuía, em 2005, 570 empregados.

O CSB (Lead Investigator) investigou o acidente e editou-o como um estudo de caso com recomendações de segurança para servir de orientação na prevenção de acidentes. O CBS já havia editado outros boletins de segurança com acidentes envolvendo nitrogênio em 2003, os quais indicam que ocorreram 85 incidentes com asfixia por nitrogênio entre 1992 e 2002, matando 80 pessoas e ferindo 50.

O estudo de incidentes pelo CSB desde 2003 mostra que vidas são continuamente perdidas, consolidados os perigos da falta de oxigênio. O O_2 compõe 21% do ar que respiramos e humanos não podem sobreviver por muito tempo se ele for reduzido a menos de 19%.

Nas refinarias e plantas químicas, são criados ambientes de perigo por gases inertes, tais como o nitrogênio, utilizado para remover o oxigênio de tubulações e equipamentos. O risco existente, neste caso, é a ocorrência da redução da porcentagem de oxigênio na atmosfera, e o trabalhador, não tendo como constatar essa situação, acaba morrendo.

O doutor Tee Guidotti, um físico que cuida do departamento de SMS da Universidade de George Washington, descreve os efeitos da redução de O_2 para os trabalhadores. No momento em que uma pessoa acessa pela primeira vez uma área com atmosfera deficiente de O_2, sofre os efeitos imediatos; caso já permaneça no ambiente em que o oxigênio é reduzido, seus efeitos serão sentidos após um tempo de exposição até que o ar entre pelos pulmões, penetre no sangue e siga para o cérebro, disseminando a falha.

São afetados o julgamento do cérebro, a coordenação e a habilidade de empregar força. Com isso os trabalhadores caem, perdem a consciência, não podem achar o caminho de volta e morrem.

O estudo de caso do CSB sobre o acidente da Valero indicou importantes e rigorosas regras de segurança quanto a trabalhos em ambientes com deficiência de oxigênio. Os trabalhadores estão em perigo não somente no interior do espaço confinado, mas também em volta da abertura em que os gases inertes, como o nitrogênio, estão fluindo para o exterior.

Eles acreditam que aconteceu o seguinte na noite do acidente:

O reator R1 do hidrocraqueamento da Valero parou para manutenção.

Uma grande tubulação joelho foi removida, criando uma abertura no entorno dos parafusos prisioneiros, no meio da plataforma.

Os trabalhadores colocaram uma fita vermelha em volta dos parafusos e cobriram a abertura com madeira e plástico.

O nitrogênio fluía do interior do reator do acidente pela abertura coberta. Os trabalhadores fixaram uma placa informando "**Perigo - Espaço confinado - Não entre sem permissão**", contudo não existiam advertências específicas sobre os riscos do nitrogênio. Um grupo de trabalho da empresa Matrix recebeu uma permissão da Valero para reinstalar a tubulação joelho.

A permissão de trabalho emitida não alertou o grupo de trabalhadores sobre o nitrogênio. De fato, na permissão incluída constava purga de nitrogênio N/A - Não Aplicável.

Dois trabalhadores removeram a cobertura e limparam as bordas da abertura. Nesse momento um trabalhador soube que um tubo de fita caiu dois metros abaixo, dentro do reator. Isso representava um problema para o grupo de trabalhadores, pois a fita causaria uma falha na inspeção de limpeza do reator e eles não deixariam reinstalar a tubulação joelho até a fita ser removida.

Para entrar no reator e remover a fita, era requerida uma equipe com treinamento especial em espaços confinados. Esse processo tomaria várias horas e atrasaria a instalação da tubulação joelho.

A previsão de que o serviço estaria completo antes das 4 horas a.m. agora tinha acabado. Além disso, o guindaste necessário para colocar a tubulação joelho de cinco toneladas no local só ficaria disponível por um curto período.

Para evitar um grande atraso, um trabalhador posicionou na entrada um longo e flexível fio e tentou várias vezes "pescar" a fita, mas não teve sucesso. O que parecia ser uma fácil tarefa não estava funcionando. O mais provável é que o trabalhador tenha se posicionado sentado à beira da abertura com as pernas no interior, mas ele não conseguiu mover a fita.

Diante destas evidências a CSB desenvolveu dois cenários possíveis para o que aconteceu depois.

No primeiro cenário, o trabalhador abaixou-se no interior do reator para rapidamente pegar a fita. Posicionado na proximidade estava um supervisor que iria inserir uma escada para ele subir de volta, mas após abaixar-se no reator, ele inalou novamente o nitrogênio puro no interior e sem oxigênio rapidamente caiu.

No segundo cenário, o trabalhador inclinou-se no ressalto dentro da abertura, tentando aproximar-se da fita. Nesse ponto ele escorregou acidentalmente no reator ou respirou atmosfera com deficiência de oxigênio, justamente acima da abertura, perdeu a consciência e desmaiou.

Como acontecera na tragédia seguinte, uma testemunha viu o supervisor e o administrador de contrato verificando, dentro do reator, o trabalhador que foi afetado deitado e inconsciente. O supervisor inseriu rapidamente a escada no reator e desceu para ajudar o colega que caiu.

Após respirar, ele também caiu pela falta de oxigênio. O administrador de contrato informou a emergência no rádio e os operadores da Valero acionaram um alarme. Quando os resgatistas da companhia chegaram, pouco tempo depois, eles viram duas vítimas e ambas estavam imóveis dentro do reator.

Um medidor portátil registrou na abertura menos de 1% de oxigênio, uma atmosfera letal. Com equipamentos de respiração e suprimentos de ar os resgatistas entraram no reator, e com o auxílio de um guincho montado em um tripé removeram as vítimas.

Passaram-se dez minutos desde que o primeiro trabalhador havia caído e as tentativas de reanimação foram sem sucesso; mais tarde ambos foram declarados mortos no hospital.

O CBS acredita que os dois trabalhadores morreram em poucos minutos pelo nitrogênio contido no reator.

Este trágico acidente era evitável! O CBS determinou que o programa de treinamento da Valero e as boas práticas industriais e diretrizes não informavam adequadamente aos trabalhadores os perigos da atmosfera deficiente de O_2 dentro dos espaços confinados.

O rolo de fita visível potencializou o trabalhador a acreditar que poderia entrar e sair do espaço confinado, ignorando os riscos para simplesmente completar uma tarefa diária.

O CBS conclui que as diretrizes de segurança industrial, os procedimentos e padrões da OSHA não alertam adequadamente sobre os perigos da redução do oxigênio fora dos espaços confinados, próximos às aberturas.

Sinais de advertência e barreiras adicionais são proteções às quais os trabalhadores devem ficar atentos para a entrada em ambientes com deficiência de oxigênio.

Segundo o CBS, a Valero identificou somente após o acidente o perigo de nitrogênio no processo de purga de gás inerte no local.

Quando o primeiro trabalhador entrou no ambiente, a falta de O_2 na atmosfera o apanhou, e neste momento foi iniciado o segundo estágio da tragédia, quando o colaborador tentou resgatá-lo sem o equipamento de respiração apropriado ou o equipamento de resgate. Este fato leva a múltiplos mortos na maioria dos espaços confinados quer seja por deficiência de oxigênio ou por qualquer outro gás contaminante da atmosfera.

Fonte: Safety Video Hazards Of Nitrogen Asphyxiation - November 05. 2005

Caso 2: Acidentes com Vapor de Gasolina - Parque Náutico de Virgínia, EUA - 1998

O fato relatado é um acidente real ocorrido em um espaço confinado em uma embarcação.

O trabalhador contratado utilizava um respirador com ar mandado que estava com o compressor quando desceu no espaço confinado. Ele não tinha um equipamento para emergência, como um botijão de saída de cinco minutos ou qualquer outro equipamento que pudesse lhe enviar oxigênio que possibilitasse sua saída.

Dentro do espaço confinado o compressor teve sua energia interrompida e o trabalhador entrou em pânico ao perceber que estava sem ar. Então ele retirou a máscara do rosto e respirou por duas ou três vezes gasolina pura e em seguida desmaiou.

Ao ser cortada a energia do compressor, o motor parou de funcionar no convés e os companheiros da vítima perceberam que havia algo errado, pois a parada do equipamento gerava um problema sério, e o seu companheiro dentro do compartimento não tinha ar. A primeira atitude deles foi entrar no compartimento, ir atrás de seu companheiro e pegá-lo, o que é um erro comum relatado em vários acidentes em espaços confinados.

Um único companheiro entrou no compartimento em busca da vítima, mas teve tempo de retornar até a saída e ser puxado pelo outro trabalhador que se encontrava no lado externo do compartimento. Pelo fato de ter entrado no compartimento, esse trabalhador poderia ter se tornado outra vítima.

Quando a equipe do corpo de bombeiros chegou ao local, dois bombeiros entraram no compartimento, tendo de retirar o cilindro de ar respirável que carregavam nas costas porque as passagens eram estreitas. Como procedimento de acesso eles levavam os compartimentos à sua frente, passavam pelos vãos os equipamentos e em seguida adentravam no novo compartimento.

Após dez ou quinze minutos se arrastando entre os compartimentos e não encontrando a vítima, o primeiro bombeiro começou a ficar sem ar e retornou para sair com segurança. O segundo bombeiro continuou seu trajeto e, ao passar por mais um compartimento, ele colocou primeiramente o cilindro. Como a profundidade do compartimento era maior do que o comprimento da mangueira que levava o ar até a máscara, isso fez com que o peso do cilindro retirasse a máscara de seu rosto e, com o movimento, sua cabeça também foi puxada para frente em direção ao anteparo, o que provocou uma batida contra as ferragens dos compartimentos, causando-lhe um corte na testa.

Após o corte, o segundo bombeiro respirou uma ou duas vezes o vapor de gasolina pura e ficou quase que instantaneamente paralisado, incapaz de se mover. O primeiro bombeiro que tinha ido à superfície retornou e, percebendo que o seu companheiro não estava bem, retirou a máscara e tentou colocá-la no rosto do segundo bombeiro. Mas como o ar do cilindro estava escapando para a atmosfera, o alarme começou a tocar. Percebendo que não teria como resgatar o seu companheiro, tentou colocar sua máscara de volta no rosto e retornou para a saída. Como a máscara não foi vedada corretamente, ao chegar próximo à saída, ele também foi vencido, sendo puxado e resgatado pelos companheiros que estavam do lado externo do compartimento.

A equipe técnica especializada em resgate em espaço confinado foi chamada nesse ponto para administrar a situação, pois as condições de resgate estavam muito críticas e fora dos padrões de atendimento com equipamentos normais.

Munida de equipamentos especiais, a equipe entrou no ambiente com o objetivo de avaliar a situação e trazer as vítimas que estavam no espaço confinado. Ela entrou com equipamentos de ar mandado por compressores, mas também levou cilindros de reserva caso tivesse algum tipo de problema no fornecimento de ar enviado pelas linhas.

A equipe técnica seguiu o caminho pela linha de ar do funcionário que havia ficado no espaço confinado. No caminho encontrou o primeiro bombeiro desmaiado, colocou a máscara de ar em seu rosto, verificou se ele tinha pulsação e se estava respirando. Percebeu que ele estava sem pulsação e também não respirava.

A equipe técnica decidiu seguir em frente e colocar o primeiro bombeiro no módulo de resgate para retirá-lo do espaço confinado e deixá-lo no modo de recuperação.

O tempo é um fator muito importante em acidentes desse tipo. A falta de oxigênio leva a vítima à morte em pouco tempo.

Fonte: Autor - Transcrição de vídeo sobre relato de acidente no Parque Náutico de Virgínia, EUA, em 1978.

Caso 3: Riscos e Trabalhos em Silos e Armazéns

Na produção agrícola, a qualidade e o preço dos produtos estão relacionados diretamente à forma de armazenamento. Os silos e os armazéns são construções indispensáveis para esses armazenamentos. Devido às suas dimensões e complexidades, podem ser foco de vários acidentes do trabalho.

Os silos, em razão de sua forma construtiva, normalmente são locais enclausurados, fechados, traiçoeiros e perigosos. Possuem as características definidas pela NR-33 para espaço confinado.

Ary de Sá, engenheiro de segurança e especialista em ventilação industrial e controle de riscos ambientais com poeiras explosivas, apresenta um artigo na revista Proteção (nº 181, janeiro de 2007, p. 63) cujo tema abordado é o efeito devastador de explosões em locais onde existe muita poeira acumulada.

Explosões com poeira acumulada ocorrem frequentemente em instalações industriais ou agrícolas que tenham processamentos como:

a) Particulados

Açúcar, arroz, chá, cacau, couro, carvão, madeira, enxofre, magnésio, eletrometal (ligas) etc.

b) Farinhas

Trigo, milho, soja, cereais etc.

Embora toda poeira de grãos possa ser considerada **muito perigosa**, o *milho* é tido como um dos grãos *mais voláteis e perigosos*.

Espaços confinados móveis: são tanques levados para o campo, em que são armazenados:

a) Agrotóxicos usados na lavoura;
b) Caminhões-tanque transportadores de combustível ou de água (carros-pipa).

Na agroindústria podemos encontrar espaços confinados como:
a) Colunas de destilação;
b) Cubas;
c) Depósitos;
d) Misturadores;
e) Moinhos;
f) Reatores;
g) Secadores;
h) Tinas;
i) Tonéis (de vinho/aguardente, por exemplo);
j) Vasos;
k) Entre outros.

Vejamos alguns dos riscos dos acidentes em silos e armazéns agrícolas:
a) Acidentes em geral (quedas, sufocamento etc.);
b) Explosões;
c) Lesões do trato respiratório (poeiras) e do globo ocular;
d) Problemas ergonômicos;
e) Riscos físicos (ruído, iluminação, umidade, vibrações etc.).

Acidentes em Geral

Vários tipos de acidente podem acontecer com os trabalhadores de silos e armazéns.

Em silos grandes, como o da Figura 8.1, quando o trabalhador entra sem a utilização de cinto de segurança, a superfície dos grãos, aparentemente firme, pode apresentar bolsões de ar no meio do material, provocando o engolfamento da vítima.

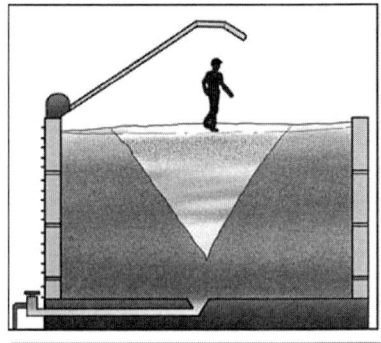

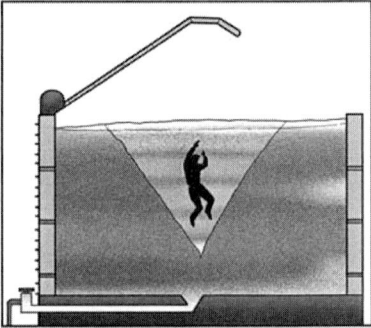

Figura 8.1 - Engolfamento em silo.

As atividades dentro de um silo nunca devem ser realizadas por um único trabalhador. Por ser um ambiente de alto risco, o trabalhador designado para executar qualquer tarefa em seu interior deve estar devidamente treinado, orientado quanto aos riscos de acidentes e com boa saúde.

Para realizar qualquer atividade dentro de um silo, o trabalhador deve estar equipado e utilizar equipamentos de acesso como:
a) Cinto do tipo paraquedista;
b) Detector de gás;
c) Máscaras apropriadas;
d) Trava-quedas;
e) Tripé;
f) Entre outros.

Nos casos em que foi constatado previamente (pelo detector de gases mencionado no capítulo 3 deste livro) que a atmosfera no interior do silo está pobre em oxigênio, pode-se utilizar o equipamento portátil, Figura 8.2, fabricado para esse fim.

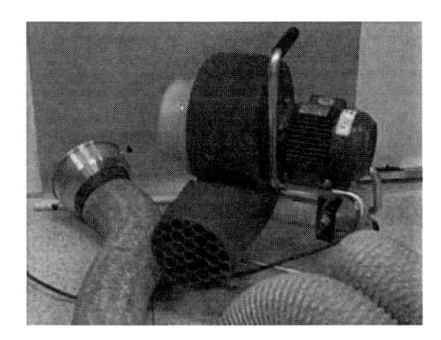

Figura 8.2 - Equipamento para ventilação e exaustão de espaço confinado.

Em casos extremos, poderíamos utilizar um equipamento externo que fornecesse oxigênio, através da ventilação forçada, com a mangueira.

Riscos de Explosões

O acúmulo de poeiras nos galpões e armazéns, depositadas nos pisos, elevadores, túneis e transportadores, apresenta um risco de incêndio muito grande. As elevações de temperatura no ambiente podem provocar a liberação de gases de combustão que, com o auxílio de uma fonte de ignição com energia, dá início ao incêndio, podendo causar explosões quando do enriquecimento da atmosfera com oxigênio.

As unidades armazenadoras de grãos e as indústrias que processam produtos alimentícios apresentam alto potencial de risco de incêndios e explosões, pois o trabalho nessas unidades consiste basicamente em receber os produtos, armazenar, transportar e descarregar.

Os caminhões graneleiros, ao descarregar seu produto nas moendas, produzem uma enorme nuvem de poeira, em condições e concentrações propícias a uma explosão, sem contar que os atritos dos grãos pelas tubulações carregam-nas estaticamente e qualquer faísca pode iniciar o processo de combustão.

A decomposição de grãos pode gerar vapores inflamáveis; se a umidade do grão for superior a 20%, pode gerar metanol, propanol ou butanol.

Os gases metano e etano, também produzidos pela decomposição de grãos, são igualmente inflamáveis e podem gerar explosões.

A poeira depositada ao longo do tempo, quando agitada ou colocada em suspensão e na presença de uma chama, pode explodir, causando vibrações subsequentes pela onda de choque.

Existem algumas regras básicas para observar se uma determinada poeira apresenta risco de explosão:

a) A atmosfera deve conter oxigênio suficiente para suportar e sustentar a combustão.

b) A concentração da poeira deve estar dentro da faixa explosiva.

c) A poeira deve ser combustível.

d) Deve ter arranjo e tamanho passíveis de propagar a chama.

e) Deve ser capaz de permanecer em suspensão no ar.

f) Uma fonte de ignição com energia suficiente deve estar presente.

Ocorrendo estas condições, pode haver a explosão da poeira. A melhor maneira de evitá-la é anular a maior parte delas.

Para diminuir o risco de explosões, é preciso:

a) Cuidado com ventiladores e peças girantes (faíscas).
b) Equipar elevadores, balanças e coletores de alívios contra pressões.
c) Evitar fontes de ignição (solda, fumo etc.).
d) Instalar bom sistema de aterramento (eletricidade estática).
e) Manter umidade do local => 50% (ambiente seco é explosivo).
f) Fazer manutenção periódica dos equipamentos.
g) Nunca varrer o armazém; usar o aspirador de pó.
h) Peças girantes devem trabalhar sem pó.
i) Proceder à limpeza frequente do local.
j) Usar sistemas corta-fogo em dutos de transporte e outros.

Sempre que possível, recomenda-se a utilização de ventilação local exaustora, considerada uma solução ideal. Ela tem como objetivo principal a proteção da saúde do trabalhador, uma vez que capta os poluentes da fonte antes que eles se dispersem no ar do ambiente de trabalho, ou seja, antes que atinjam a zona de respiração do trabalhador.

Lesões do Trato Respiratório (Poeiras) e do Globo Ocular

A soja, por ser uma planta de porte baixo, ao ser colhida com colheitadeira, leva consigo muita terra. Assim, ao ser armazenada, ao movimentar-se, desprende essa poeira, que pode provocar uma doença terrível chamada silicose ou o empedramento dos pulmões.

Alguns grãos armazenados, como o arroz em casca, desprendem uma poeira que pode causar lesão aos olhos ou dificuldades respiratórias.

Os Equipamentos de Proteção Individual (EPIs) recomendados são:

a) Máscaras contra poeiras;
b) Óculos de segurança.

Problemas Ergonômicos

Normalmente os problemas ergonômicos estão associados às reduzidas dimensões do acesso ao espaço confinado - portinhola de acesso (exigindo contorções do corpo, o uso das mãos e dificultando o resgate em caso de acidente) e ao transporte de grãos ensacados. São eles:

a) Agressões à coluna vertebral;
b) Esmagamento de discos da vértebra;
c) Lombalgias;
d) Torções.

Riscos Físicos (Ruído, Iluminação, Umidade, Vibrações etc.)

Além dos riscos físicos relacionados anteriormente, juntam-se a falta de aterramento de motores, o uso de lâmpadas inadequadas e a temível eletricidade estática.

Os EPIs recomendados são:

a) Capacete de segurança;
b) Óculos com lentes escuras (para raios ultravioleta) nas fornalhas à lenha;
c) Protetores auriculares.

Caso 4: Riscos de Gases em Câmaras Transformadoras Subterrâneas

O caso relatado apresenta uma cena de explosão devido a deslocamento de gás entre câmaras transformadoras.

Uma equipe de trabalho composta por três trabalhadores, sendo um líder, um vigia e um eletricista, foi escalada para substituir um equipamento em uma câmara transformadora subterrânea.

Chegando ao local, os trabalhadores verificaram se as descrições estavam conforme a ordem de serviço e realizaram os seguintes procedimentos:

a) Estacionaram o veículo em local seguro.
b) Colocaram os EPIs necessários à atividade.
c) Sinalizaram e identificaram o canteiro de trabalho.
d) Verificaram os procedimentos de trabalho como:
   - Abrir e fechar tampões de acesso pessoal de CT ou PI;
   - Entrada e saída de CT/PI e porão de estações;
   - Estacionar veículo e sinalizar via e/ou local de trabalho;
   - Lavar CTs e PIs com retirada de água;
   - Manual de EPI e EPC;
   - Monitorar atmosfera em locais confinados;
   - Manuais de Procedimentos de Trabalho (MPT);
   - NBR 14787 - Espaço Confinado - Prevenção de Acidentes, Procedimentos e Medidas de Proteção;
   - NR-10 - Norma Regulamentadora de Segurança em Instalações e Serviços de Eletricidade;
   - Planejar e finalizar atividades: base e campo;
   - Realizar Análise Preliminar de Riscos (APR).
e) Montaram o tripé.
f) Iniciaram o preenchimento da PET.
g) Após a assinatura da PET por todos os integrantes, iniciaram o procedimento de entrada.

Durante a realização das atividades, os trabalhadores foram alertados de presença de gás pelo detector dentro do espaço confinado. Imediatamente procederam ao abandono do ambiente de espaço confinado, seguindo as instruções aprendidas no treinamento da NR-33.

Fora do espaço confinado, verificaram as indicações de gás explosivo no equipamento. Realizaram a verificação do equipamento e iniciaram novas leituras, permanecendo do lado externo quando ocorreu um grande deslocamento de ar seguido de chama explosiva.

Após a extinção da chama, começaram a analisar o ambiente e perceberam que o espaço confinado estava recebendo gás inflamável pelos dutos dos cabos que interligavam outra câmara transformadora.

Isolaram a área com maior distância e avisaram os especialistas para averiguação da situação, os quais constataram que havia uma tubulação de gás que se rompeu e era a causa do preenchimento de gás na câmara.

Se os trabalhadores não seguissem as orientações obtidas em treinamento, esse acidente poderia causar lesões aos membros da equipe e até ser fatal.

As equipes bem preparadas, além de evitarem acidentes, podem mitigar o potencial de grandes tragédias.

Fonte: Elaborado pelo autor como estudo de caso.

QUESTÕES PARA FIXAÇÃO E ENTENDIMENTO

1. Nos estudos de casos apresentados, qual equipamento salvou os trabalhadores de sofrerem queimaduras e inalação de gás?

2. Cite algumas regras básicas para observar se uma determinada poeira apresenta risco de explosão.

3. Cite cinco equipamentos para realizar qualquer atividade dentro de um silo.

4. Na agroindústria, onde podemos encontrar espaços confinados?

NR-33 Segurança e Saúde nos Trabalhos em Espaços Confinados

Portaria GM nº 202, 22 de dezembro de 2006

Publicada no D.O.U. de 27 de dezembro de 2006, nº 247, Seção 1, Página 144

33.1 Objetivo e Definição

33.1.1 Esta Norma tem como objetivo estabelecer os requisitos mínimos para identificação de espaços confinados e o reconhecimento, avaliação, monitoramento e controle dos riscos existentes, de forma a garantir permanentemente a segurança e saúde dos trabalhadores que interagem direta ou indiretamente nestes espaços.

33.1.2 Espaço Confinado é qualquer área ou ambiente não projetado para ocupação humana contínua, que possua meios limitados de entrada e saída, cuja ventilação existente é insuficiente para remover contaminantes ou onde possa existir a deficiência ou enriquecimento de oxigênio.

33.2 Das Responsabilidades

33.2.1 Cabe ao Empregador:

a) indicar formalmente o responsável técnico pelo cumprimento desta norma;
b) identificar os espaços confinados existentes no estabelecimento;
c) identificar os riscos específicos de cada espaço confinado;
d) implementar a gestão em segurança e saúde no trabalho em espaços confinados, por medidas técnicas de prevenção, administrativas, pessoais e de emergência e salvamento, de forma a garantir permanentemente ambientes com condições adequadas de trabalho;
e) garantir a capacitação continuada dos trabalhadores sobre os riscos, as medidas de controle, de emergência e salvamento em espaços confinados;
f) garantir que o acesso ao espaço confinado somente ocorra após a emissão, por escrito, da Permissão de Entrada e Trabalho, conforme modelo constante no anexo II desta NR;
g) fornecer às empresas contratadas informações sobre os riscos nas áreas onde desenvolverão suas atividades e exigir a capacitação de seus trabalhadores;
h) acompanhar a implementação das medidas de segurança e saúde dos trabalhadores das empresas contratadas

provendo os meios e condições para que eles possam atuar em conformidade com esta NR;

i) interromper todo e qualquer tipo de trabalho em caso de suspeição de condição de risco grave e iminente, procedendo ao imediato abandono do local; e

j) garantir informações atualizadas sobre os riscos e medidas de controle antes de cada acesso aos espaços confinados.

33.2.2 Cabe aos Trabalhadores:

a) colaborar com a empresa no cumprimento desta NR;

b) utilizar adequadamente os meios e equipamentos fornecidos pela empresa;

c) comunicar ao Vigia e ao Supervisor de Entrada as situações de risco para sua segurança e saúde ou de terceiros, que sejam do seu conhecimento; e

d) cumprir os procedimentos e orientações recebidos nos treinamentos com relação aos espaços confinados.

33.3 Gestão de Segurança e Saúde nos Trabalhos em Espaços Confinados

33.3.1 A gestão de segurança e saúde deve ser planejada, programada, implementada e avaliada, incluindo medidas técnicas de prevenção, medidas administrativas e medidas pessoais e capacitação para trabalho em espaços confinados.

33.3.2 Medidas Técnicas de Prevenção:

a) identificar, isolar e sinalizar os espaços confinados para evitar a entrada de pessoas não autorizadas;

b) antecipar e reconhecer os riscos nos espaços confinados;

c) proceder à avaliação e controle dos riscos físicos, químicos, biológicos, ergonômicos e mecânicos;

d) prever a implantação de travas, bloqueios, alívio, lacre e etiquetagem;

e) implementar medidas necessárias para eliminação ou controle dos riscos atmosféricos em espaços confinados;

f) avaliar a atmosfera nos espaços confinados, antes da entrada de trabalhadores, para verificar se o seu interior é seguro;

g) manter condições atmosféricas aceitáveis na entrada e durante toda a realização dos trabalhos, monitorando, ventilando, purgando, lavando ou inertizando o espaço confinado;

h) monitorar continuamente a atmosfera nos espaços confinados nas áreas onde os trabalhadores autorizados estiverem desempenhando as suas tarefas, para verificar se as condições de acesso e permanência são seguras;

i) proibir a ventilação com oxigênio puro;

j) testar os equipamentos de medição antes de cada utilização; e

k) utilizar equipamento de leitura direta, intrinsecamente seguro, provido de alarme, calibrado e protegido contra emissões eletromagnéticas ou interferências de radiofrequência.

33.3.2.1 Os equipamentos fixos e portáteis, inclusive os de comunicação e de movimentação vertical e horizontal, devem ser adequados aos riscos dos espaços confinados;

33.3.2.2 Em áreas classificadas os equipamentos devem estar certificados ou possuir documento contemplado no âmbito do Sistema Brasileiro de Avaliação da Conformidade - INMETRO.

33.3.2.3 As avaliações atmosféricas iniciais devem ser realizadas fora do espaço confinado.

33.3.2.4 Adotar medidas para eliminar ou controlar os riscos de incêndio ou explosão em trabalhos a quente, tais como solda, aquecimento, esmerilhamento, corte ou outros que liberem chama aberta, faíscas ou calor.

33.3.2.5 Adotar medidas para eliminar ou controlar os riscos de inundação, soterramento, engolfamento, incêndio, choques elétricos, eletricidade estática, queimaduras, quedas, escorregamentos, impactos, esmagamentos, amputações e outros que possam afetar a segurança e saúde dos trabalhadores.

33.3.3 Medidas Administrativas:

a) manter cadastro atualizado de todos os espaços confinados, inclusive dos desativados, e respectivos riscos;
b) definir medidas para isolar, sinalizar, controlar ou eliminar os riscos do espaço confinado;
c) manter sinalização permanente junto à entrada do espaço confinado, conforme o Anexo I da presente norma;
d) implementar procedimento para trabalho em espaço confinado;
e) adaptar o modelo de Permissão de Entrada e Trabalho, previsto no Anexo II desta NR, às peculiaridades da empresa e dos seus espaços confinados;
f) preencher, assinar e datar, em três vias, a Permissão de Entrada e Trabalho antes do ingresso de trabalhadores em espaços confinados;
g) possuir um sistema de controle que permita a rastreabilidade da Permissão de Entrada e Trabalho;
h) entregar para um dos trabalhadores autorizados e ao Vigia cópia da Permissão de Entrada e Trabalho;
i) encerrar a Permissão de Entrada e Trabalho quando as operações forem completadas, quando ocorrer uma condição não prevista ou quando houver pausa ou interrupção dos trabalhos;
j) manter arquivados os procedimentos e Permissões de Entrada e Trabalho por cinco anos;
k) disponibilizar os procedimentos e Permissão de Entrada e Trabalho para o conhecimento dos trabalhadores autorizados, seus representantes e fiscalização do trabalho;
l) designar as pessoas que participarão das operações de entrada, identificando os deveres de cada trabalhador e providenciando a capacitação requerida;
m) estabelecer procedimentos de supervisão dos trabalhos no exterior e no interior dos espaços confinados;
n) assegurar que o acesso ao espaço confinado somente seja iniciado com acompanhamento e autorização de supervisão capacitada;
o) garantir que todos os trabalhadores sejam informados dos riscos e medidas de controle existentes no local de trabalho; e
p) implementar um Programa de Proteção Respiratória de acordo com a análise de risco, considerando o local, a complexidade e o tipo de trabalho a ser desenvolvido.

33.3.3.1 A Permissão de Entrada e Trabalho é válida somente para cada entrada.

33.3.3.2 Nos estabelecimentos onde houver espaços confinados devem ser observadas, de forma complementar a presente

NR, os seguintes atos normativos: NBR 14606 - Postos de Serviço - Entrada em Espaço Confinado; e NBR 14787 - Espaço Confinado - Prevenção de Acidentes, Procedimentos e Medidas de Proteção, bem como suas alterações posteriores.

33.3.3.3 O procedimento para trabalho deve contemplar, no mínimo: objetivo, campo de aplicação, base técnica, responsabilidades, competências, preparação, emissão, uso e cancelamento da Permissão de Entrada e Trabalho, capacitação para os trabalhadores, análise de risco e medidas de controle.

33.3.3.4 Os procedimentos para trabalho em espaços confinados e a Permissão de Entrada e Trabalho devem ser avaliados no mínimo uma vez ao ano e revisados sempre que houver alteração dos riscos, com a participação do Serviço Especializado em Segurança e Medicina do Trabalho - SESMT e da Comissão Interna de Prevenção de Acidentes - CIPA.

33.3.3.5 Os procedimentos de entrada em espaços confinados devem ser revistos quando da ocorrência de qualquer uma das circunstâncias abaixo:

a) entrada não autorizada num espaço confinado;
b) identificação de riscos não descritos na Permissão de Entrada e Trabalho;
c) acidente, incidente ou condição não prevista durante a entrada;
d) qualquer mudança na atividade desenvolvida ou na configuração do espaço confinado;
e) solicitação do SESMT ou da CIPA; e
f) identificação de condição de trabalho mais segura.

33.3.4 Medidas Pessoais

33.3.4.1 Todo trabalhador designado para trabalhos em espaços confinados deve ser submetido a exames médicos específicos para a função que irá desempenhar, conforme estabelecem as NRs 07 e 31, incluindo os fatores de riscos psicossociais com a emissão do respectivo Atestado de Saúde Ocupacional - ASO.

33.3.4.2 Capacitar todos os trabalhadores envolvidos, direta ou indiretamente com os espaços confinados, sobre seus direitos, deveres, riscos e medidas de controle, conforme previsto no item 33.3.5.

33.3.4.3 O número de trabalhadores envolvidos na execução dos trabalhos em espaços confinados deve ser determinado conforme a análise de risco.

33.3.4.4 É vedada a realização de qualquer trabalho em espaços confinados de forma individual ou isolada.

33.3.4.5 O Supervisor de Entrada deve desempenhar as seguintes funções:

a) emitir a Permissão de Entrada e Trabalho antes do início das atividades;
b) executar os testes, conferir os equipamentos e os procedimentos contidos na Permissão de Entrada e Trabalho;
c) assegurar que os serviços de emergência e salvamento estejam disponíveis e que os meios para acioná-los estejam operantes;
d) cancelar os procedimentos de entrada e trabalho quando necessário; e
e) encerrar a Permissão de Entrada e Trabalho após o término dos serviços.

33.3.4.6 O Supervisor de Entrada pode desempenhar a função de Vigia.

33.3.4.7 O Vigia deve desempenhar as seguintes funções:

a) manter continuamente a contagem precisa do número de trabalhadores autorizados no espaço confinado e assegurar que todos saiam ao término da atividade;
b) permanecer fora do espaço confinado, junto à entrada, em contato permanente com os trabalhadores autorizados;
c) adotar os procedimentos de emergência, acionando a equipe de salvamento, pública ou privada, quando necessário;
d) operar os movimentadores de pessoas; e
e) ordenar o abandono do espaço confinado sempre que reconhecer algum sinal de alarme, perigo, sintoma, queixa, condição proibida, acidente, situação não prevista ou quando não puder desempenhar efetivamente suas tarefas, nem ser substituído por outro Vigia.

33.3.4.8 O Vigia não poderá realizar outras tarefas que possam comprometer o dever principal que é o de monitorar e proteger os trabalhadores autorizados;

33.3.4.9 Cabe ao empregador fornecer e garantir que todos os trabalhadores que adentrarem em espaços confinados disponham de todos os equipamentos para controle de riscos, previstos na Permissão de Entrada e Trabalho.

33.3.4.10 Em caso de existência de Atmosfera Imediatamente Perigosa à Vida ou à Saúde - Atmosfera IPVS -, o espaço confinado somente pode ser adentrado com a utilização de máscara autônoma de demanda com pressão positiva ou com respirador de linha de ar comprimido com cilindro auxiliar para escape.

33.3.5 Capacitação para Trabalhos em Espaços Confinados

33.3.5.1 É vedada a designação para trabalhos em espaços confinados sem a prévia capacitação do trabalhador.

33.3.5.2 O empregador deve desenvolver e implantar programas de capacitação sempre que ocorrer qualquer das seguintes situações:

a) mudança nos procedimentos, condições ou operações de trabalho;
b) algum evento que indique a necessidade de novo treinamento; e
c) quando houver uma razão para acreditar que existam desvios na utilização ou nos procedimentos de entrada nos espaços confinados ou que os conhecimentos não sejam adequados.

33.3.5.3 Todos os trabalhadores autorizados e Vigias devem receber capacitação periodicamente, a cada doze meses.

33.3.5.4 A capacitação deve ter carga horária mínima de dezesseis horas, ser realizada dentro do horário de trabalho, com conteúdo programático de:

a) definições;
b) reconhecimento, avaliação e controle de riscos;
c) funcionamento de equipamentos utilizados;
d) procedimentos e utilização da Permissão de Entrada e Trabalho; e
e) noções de resgate e primeiros socorros.

33.3.5.5 A capacitação dos Supervisores de Entrada deve ser realizada dentro do horário de trabalho, com conteúdo programático estabelecido no subitem 33.3.5.4, acrescido de:

a) identificação dos espaços confinados;
b) critérios de indicação e uso de equipamentos para controle de riscos;

c) conhecimentos sobre práticas seguras em espaços confinados;
d) legislação de segurança e saúde no trabalho;
e) programa de proteção respiratória;
f) área classificada; e
g) operações de salvamento.

33.3.5.6 Todos os Supervisores de Entrada devem receber capacitação específica, com carga horária mínima de quarenta horas.

33.3.5.7 Os instrutores designados pelo responsável técnico, devem possuir comprovada proficiência no assunto.

33.3.5.8 Ao término do treinamento deve-se emitir um certificado contendo o nome do trabalhador, conteúdo programático, carga horária, a especificação do tipo de trabalho e espaço confinado, data e local de realização do treinamento, com as assinaturas dos instrutores e do responsável técnico.

33.3.5.8.1 Uma cópia do certificado deve ser entregue ao trabalhador e a outra cópia deve ser arquivada na empresa.

33.4 Emergência e Salvamento

33.4.1 O empregador deve elaborar e implementar procedimentos de emergência e resgate adequados aos espaços confinados incluindo, no mínimo:
a) descrição dos possíveis cenários de acidentes, obtidos a partir da Análise de Riscos;
b) descrição das medidas de salvamento e primeiros socorros a serem executadas em caso de emergência;
c) seleção e técnicas de utilização dos equipamentos de comunicação, iluminação de emergência, busca, resgate, primeiros socorros e transporte de vítimas;
d) acionamento de equipe responsável, pública ou privada, pela execução das medidas de resgate e primeiros socorros para cada serviço a ser realizado; e
e) exercício simulado anual de salvamento nos possíveis cenários de acidentes em espaços confinados.

33.4.2 O pessoal responsável pela execução das medidas de salvamento deve possuir aptidão física e mental compatível com a atividade a desempenhar.

33.4.3 A capacitação da equipe de salvamento deve contemplar todos os possíveis cenários de acidentes identificados na análise de risco.

33.5 Disposições Gerais

33.5.1 O empregador deve garantir que os trabalhadores possam interromper suas atividades e abandonar o local de trabalho, sempre que suspeitarem da existência de risco grave e iminente para sua segurança e saúde ou a de terceiros.

33.5.2 São solidariamente responsáveis pelo cumprimento desta NR os contratantes e contratados.

33.5.3 É vedada a entrada e a realização de qualquer trabalho em espaços confinados sem a emissão da Permissão de Entrada e Trabalho.

ANEXO I - NR-33 - Sinalização

Sinalização para Identificação de Espaço Confinado

ANEXO II - NR-33 - Permissão de Entrada e Trabalho - PET

Caráter Informativo para Elaboração da Permissão de Entrada e Trabalho em Espaço Confinado

Nome da empresa:
Local do espaço confinado: Espaço confinado nº:
Data e horário da emissão: Data e horário do término:
Trabalho a ser realizado:
Trabalhadores autorizados:
Vigia: Equipe de resgate:
Supervisor de entrada:

Procedimentos que Devem Ser Completados Antes da Entrada

1. Isolamento S ( ) N ( )
2. Teste inicial da atmosfera: horário_____
   Oxigênio % O_2
   Inflamáveis % LIE
   Gases/vapores tóxicos ppm
   Poeiras/fumos/névoas tóxicas mg/m^3
   Nome legível / assinatura do supervisor dos testes:
3. Bloqueios, travamento e etiquetagem N/A ( ) S ( ) N ( )
4. Purga e/ou lavagem N/A ( ) S ( ) N ( )
5. Ventilação/exaustão - tipo, equipamento e tempo N/A ( ) S ( ) N ( )
6. Teste após ventilação e isolamento: horário _____
   Oxigênio % O_2 > 19,5% ou < 23,0 %
   Inflamáveis %LIE < 10%
   Gases/vapores tóxicos ppm
   Poeiras/fumos/névoas tóxicas mg/m^3
   Nome legível/assinatura do Supervisor dos testes:
7. Iluminação geral N/A ( ) S ( ) N ( )
8. Procedimentos de comunicação: N/A ( ) S ( ) N ( )
9. Procedimentos de resgate: N/A ( ) S ( ) N ( )
10. Procedimentos e proteção de movimentação vertical: N/A ( ) S ( ) N ( )
11. Treinamento de todos os trabalhadores? É atual? N/A ( ) S ( ) N ( )
12. Equipamentos:

13. Equipamento de monitoramento contínuo de gases aprovados e certificados por um Organismo de Certificação Credenciado (OCC) pelo INMETRO para trabalho em áreas potencialmente explosivas de leitura direta com alarmes em condições: S ( ) N ( )

Lanternas N/A ( ) S ( ) N ( )

Roupa de proteção N/A ( ) S ( ) N ( )

Extintores de incêndio N/A ( ) S ( ) N ( )

Capacetes, botas, luvas N/A ( ) S ( ) N ( )

Equipamentos de proteção respiratória/autônomo ou sistema de ar mandado com cilindro de escape N/A ( ) S ( ) N ( )

Cinturão de segurança e linhas de vida para os trabalhadores autorizado S ( ) N ( )

Cinturão de segurança e linhas de vida para a equipe de resgate N/A ( ) S ( ) N ( )

Escada N/A ( ) S ( ) N ( )

Equipamentos de movimentação vertical/suportes externos N/A ( ) S ( ) N ( )

Equipamentos de comunicação eletrônica aprovados e certificados por um Organismo de Certificação Credenciado (OCC) pelo INMETRO para trabalho em áreas potencialmente explosivas_____ N/A ( ) S ( ) N ( )

Equipamento de proteção respiratória autônomo ou sistema de ar mandado com cilindro de escape para a equipe de resgate _____ S ( ) N ( )

Equipamentos elétricos e eletrônicos aprovados e certificados por um Organismo de Certificação Credenciado (OCC) pelo INMETRO para trabalho em áreas potencialmente explosivas _____ N/A ( ) S ( ) N ( )

Legenda: N/A - "não se aplica"; N - "não"; S - "sim".

Procedimentos que Devem Ser Completados Durante o Desenvolvimento dos Trabalhos

Permissão de trabalhos a quente N/A ( ) S ( ) N ( )

Procedimentos de Emergência e Resgate

Telefones e contatos:

Ambulância:_____

Bombeiros:_____

Segurança:_____

Observação

A entrada não pode ser permitida se algum campo não for preenchido ou contiver a marca na coluna "não".
A falta de monitoramento contínuo da atmosfera no interior do espaço confinado, alarme, ordem do Vigia ou qualquer situação de risco à segurança dos trabalhadores, implica no abandono imediato da área.
Qualquer saída de toda equipe por qualquer motivo implica a emissão de nova permissão de entrada. Esta permissão de entrada deverá ficar exposta no local de trabalho até o seu término. Após o trabalho, esta permissão deverá ser arquivada.

ANEXO III - NR-33 - Glossário

Abertura de linha: abertura intencional de um duto, tubo, linha, tubulação que está sendo utilizada ou foi utilizada para transportar materiais tóxicos, inflamáveis, corrosivos, gás ou qualquer fluido em pressões ou temperaturas capazes de causar danos materiais ou pessoais, visando a eliminar energias perigosas para o trabalho seguro em espaços confinados.

Alívio: o mesmo que abertura de linha.

Análise Preliminar de Risco (APR): avaliação inicial dos riscos potenciais, suas causas, consequências e medidas de controle.

Área classificada: área potencialmente explosiva ou com risco de explosão.

Atmosfera IPVS: Atmosfera Imediatamente Perigosa à Vida ou à Saúde. Qualquer atmosfera que apresente risco imediato à vida ou produza imediato efeito debilitante à saúde.

Avaliações iniciais da atmosfera: conjunto de medições preliminares realizadas na atmosfera do espaço confinado.

Base técnica: conjunto de normas, artigos, livros, procedimentos de segurança de trabalho, e demais documentos técnicos utilizados para implementar o Sistema de Permissão de Entrada e Trabalho em espaços confinados.

Bloqueio: dispositivo que impede a liberação de energias perigosas tais como: pressão, vapor, fluidos, combustíveis, água e outros visando à contenção de energias perigosas para trabalho seguro em espaços confinados.

Chama aberta: mistura de gases incandescentes emitindo energia, que é também denominada chama ou fogo.

Condição IPVS: qualquer condição que coloque um risco imediato de morte ou que possa resultar em efeitos à saúde irreversíveis ou imediatamente severos ou que possa resultar em dano ocular, irritação ou outras condições que possam impedir a saída de um espaço confinado.

Contaminantes: gases, vapores, névoas, fumos e poeiras presentes na atmosfera do espaço confinado.

Deficiência de oxigênio: atmosfera contendo menos de 20,9% de oxigênio em volume na pressão atmosférica normal, a não ser que a redução do percentual seja devidamente monitorada e controlada.

Engolfamento: é o envolvimento e a captura de uma pessoa por líquidos ou sólidos finamente divididos.

Enriquecimento de oxigênio: atmosfera contendo mais de 23% de oxigênio em volume.

Etiquetagem: colocação de rótulo num dispositivo isolador de energia para indicar que o dispositivo e o equipamento a ser controlado não podem ser utilizados até a sua remoção.

Faísca: partícula candente gerada no processo de esmerilhamento, polimento, corte ou solda.

Gestão de segurança e saúde nos trabalhos em espaços confinados: conjunto de medidas técnicas de prevenção, administrativas, pessoais e coletivas necessárias para garantir o trabalho seguro em espaços confinados.

Inertização: deslocamento da atmosfera existente em um espaço confinado por um gás inerte, resultando numa atmosfera não combustível e com deficiência de oxigênio.

Intrinsecamente seguro: situação em que o equipamento não pode liberar energia elétrica ou térmica suficientes para, em condições normais ou anormais, causar a ignição de uma dada atmosfera explosiva, conforme expresso no certificado de conformidade do equipamento.

Lacre: braçadeira ou outro dispositivo que precise ser rompido para abrir um equipamento.

Leitura direta: dispositivo ou equipamento que permite realizar leituras de contaminantes em tempo real.

Medidas especiais de controle: medidas adicionais de controle necessárias para permitir a entrada e o trabalho em espaços confinados em situações peculiares, tais como trabalhos a quente, atmosferas IPVS ou outras.

Ordem de bloqueio: ordem de suspensão de operação normal do espaço confinado.

Ordem de liberação: ordem de reativação de operação normal do espaço confinado.

Oxigênio puro: atmosfera contendo somente oxigênio (100%).

Permissão de Entrada e Trabalho (PET): documento escrito contendo o conjunto de medidas de controle visando à entrada e ao desenvolvimento de trabalho seguro, além de medidas de emergência e resgate em espaços confinados.

Proficiência: competência, aptidão, capacitação e habilidade aliadas à experiência.

Programa de Proteção Respiratória: conjunto de medidas práticas e administrativas necessárias para proteger a saúde do trabalhador pela seleção adequada e uso correto dos respiradores.

Purga: método de limpeza que torna a atmosfera interior do espaço confinado isenta de gases, vapores e outras impurezas indesejáveis através de ventilação ou lavagem com água ou vapor.

Quase acidente: qualquer evento não programado que possa indicar a possibilidade de ocorrência de acidente.

Responsável técnico: profissional habilitado para identificar os espaços confinados existentes na empresa e elaborar as medidas técnicas de prevenção, administrativas, pessoais e de emergência e resgate.

Risco grave e iminente: qualquer condição que possa causar acidente de trabalho ou doença profissional com lesão grave à integridade física do trabalhador.

Riscos psicossociais: influência na saúde mental dos trabalhadores, provocada pelas tensões da vida diária, pressão do trabalho e outros fatores adversos.

Salvamento: procedimento operacional padronizado, realizado por equipe com conhecimento técnico especializado, para resgatar e prestar os primeiros socorros a trabalhadores em caso de emergência.

Sistema de Permissão de Entrada em Espaços Confinados: procedimento escrito para preparar uma Permissão de Entrada e Trabalho (PET).

Supervisor de entrada: pessoa capacitada para operar a permissão de entrada com responsabilidade para preencher e assinar a Permissão de Entrada e Trabalho (PET) para o desenvolvimento de entrada e trabalho seguro no interior de espaços confinados.

Trabalhador autorizado: trabalhador capacitado para entrar no espaço confinado, ciente dos seus direitos e deveres e com conhecimento dos riscos e das medidas de controle existentes.

Trava: dispositivo (como chave ou cadeado) utilizado para garantir isolamento de dispositivos que possam liberar energia elétrica ou mecânica de forma acidental.

Vigia: trabalhador designado para permanecer fora do espaço confinado e que é responsável pelo acompanhamento, comunicação e ordem de abandono para os trabalhadores.

Apresentação das Normas Regulamentadoras da Portaria 3214/78 do MTE

Este apêndice apresenta um resumo das Normas Regulamentadoras vigentes publicadas pelo Ministério do Trabalho e Emprego.

NR-1 - Disposições Gerais

Esta norma trata das condições gerais, responsabilidade, campo de aplicação e obrigatoriedade das Normas Regulamentadoras do Ministério do Trabalho e Emprego. Publicada pela Portaria GM nº 3.214, de junho de 1978.

NR-2 - Inspeção Prévia

Para entrar em operação, qualquer estabelecimento deve ter um certificado assegurando que suas atividades sejam iniciadas livres de riscos de acidentes e/ou de doenças do trabalho. Essa declaração ou certificado é emitido pelo Ministério do Trabalho por meio de uma inspeção prévia. A NR-2 regulamenta essa inspeção, assim como a documentação necessária para a certificação.

NR-3 - Embargo ou Interdição

A NR-3 concede poderes ao Delegado Regional do Trabalho de interditar estabelecimento, setor de serviço, máquina ou equipamento, ou ainda embargar obra, conforme laudo técnico que demonstre grave e iminente risco para o trabalhador. Considera-se grave e iminente risco toda condição de trabalho que possa causar acidente do trabalho ou doença profissional com lesão grave à integridade física do trabalhador.

Interdição é a paralisação total ou parcial do estabelecimento, setor de serviço, máquina ou equipamento. *Embargo* é a paralisação total ou parcial da obra. Considera-se *obra* todo e qualquer serviço de engenharia de construção, montagem, instalação, manutenção e reforma.

NR-4 - Serviços Especializados em Engenharia de Segurança e em Medicina do Trabalho

Define a obrigatoriedade de empresas privadas e órgãos ou empresas públicas, que possuam empregados regidos pela CLT, manterem os Serviços Especializados em Engenharia de Segurança e Medicina do Trabalho, de acordo com o grau de risco da atividade da empresa e o número total de empregados no estabelecimento.

NR-5 - Comissão Interna de Prevenção de Acidentes (CIPA)

Define a constituição, o funcionamento e a obrigatoriedade da Comissão Interna de Prevenção de Acidentes, que objetiva a prevenção de acidentes e doenças decorrentes do trabalho, de modo a tornar o trabalho compatível permanentemente com a preservação da vida e a promoção da saúde do trabalhador.

NR-6 - Equipamentos de Proteção Individual

Esta norma trata da obrigatoriedade do fabricante, do empregador e empregado quanto à qualidade e à responsabilidade na fabricação, aquisição e utilização dos EPIs.

Considera-se *Equipamento de Proteção Individual (EPI)* todo dispositivo ou produto de uso individual pelo trabalhador, destinado à proteção de riscos suscetíveis de ameaçar a segurança e a saúde no trabalho.

Todo Equipamento de Proteção Individual de fabricação nacional ou importada deve possuir e indicar a Certificação de Aprovação da qualidade (CA), expedida por órgão competente em matéria de segurança do Ministério do Trabalho.

NR-7 - Programas de Controle Médico de Saúde Ocupacional

O objetivo desta norma é estabelecer a obrigatoriedade, os parâmetros mínimos e as diretrizes gerais para elaboração, execução e implementação, por parte do empregador e instituições que admitam trabalhadores como empregados, de um Programa de Controle Médico de Saúde Ocupacional (PCMSO), a fim de promover e preservar a saúde dos seus trabalhadores.

NR-8 - Edificações

Esta norma estabelece requisitos técnicos mínimos que devem ser observados nas edificações quanto à irregularidade do piso, parede, pé-direito, iluminação, ventilação, isolamento térmico, condicionamento acústico, impermeabilidade, salubridade, localização de móveis e espaço para movimentação, objetivando a segurança e o conforto dos que nelas trabalhem.

NR-9 - Programas de Prevenção de Riscos Ambientais

O objetivo da NR-9 é estabelecer a obrigatoriedade da elaboração e da implantação por parte do empregador, com a participação dos trabalhadores, de um Programa de Prevenção de Riscos Ambientas (PPRA), buscando preservar a saúde dos trabalhadores e controlar a ocorrência de riscos ambientais nos locais de trabalho, considerando a proteção do meio ambiente e dos recursos naturais.

Consideram-se *riscos ambientais* os agentes físicos, químicos e biológicos existentes nos ambientes de trabalho que, em função de sua natureza, concentração ou intensidade e tempo de exposição, são capazes de causar danos à saúde do trabalhador.

Consideram-se *agentes físicos* as diversas formas de energia a que possam estar expostos os trabalhadores, tais como ruído, vibrações, pressões anormais, temperaturas extremas, radiações ionizantes, bem como o infrassom e o ultrassom.

Agentes químicos são substâncias, compostos ou produtos que possam penetrar no organismo pela via respiratória, nas formas de poeiras, fumos, névoas, neblinas, gases ou vapores, ou que, pela natureza da exposição, possam ser absorvidos pelo organismo ou ter contato com ele através da pele ou por ingestão.

Consideram-se *agentes biológicos* as bactérias, fungos, bacilos, parasitas, vírus, protozoários, entre outros.

NR-10 - Segurança em Instalações e Serviços em Eletricidade

Fixa as condições e os requisitos mínimos para garantir a segurança dos trabalhadores que atuam em instalações elétricas, ou em suas proximidades, nas fases de geração, transmissão, distribuição e consumo de energia elétrica em suas diversas etapas, incluindo projeto, execução, operação, manutenção, reforma e ampliação e, ainda, a segurança de usuários e terceiros.

NR-11 - Transporte, Movimentação, Armazenagem e Manuseio de Materiais

Esta norma de segurança refere-se à operação de elevadores, guindastes, transportadores industriais e máquinas transportadoras de materiais.

NR-12 - Máquinas e Equipamentos

O seu objetivo é definir condições e requisitos mínimos quanto a fabricação, instalação, movimentação, manutenção e operação de máquinas e equipamentos no ambiente de trabalho, garantindo a segurança e a saúde dos operadores e transeuntes no local de trabalho.

NR-13 - Caldeiras e Vasos de Pressão

Objetiva as condições mínimas para construção, instalação, operação, documentação, qualificação e habilitação do profissional na elaboração do projeto, montagem e operação das caldeiras a vapor, garantindo a segurança e a saúde dos trabalhadores envolvidos.

NR-14 - Fornos

Busca definir as condições mínimas para projeto, construção e instalação de fornos, a fim de oferecer o máximo de segurança e conforto aos trabalhadores que atuam em sua operação, manutenção ou em suas proximidades.

NR-15 - Atividades e Operações Insalubres

Define condições e requisitos mínimos para garantir a saúde e a segurança dos trabalhadores que atuam em construção, operação e manutenção em condições insalubres, obedecendo a limites de tolerância previstos, durante o exercício de sua atividade laboral.

A norma define *limite de tolerância* como a concentração ou intensidade máxima ou mínima, relacionada com a natureza e o tempo de exposição ao agente, que não cause dano à saúde do trabalhador durante a sua vida laboral. Também define como *causadores de danos à segurança e à saúde do trabalhador* os agentes: ruído, calor, frio, umidade, poeira, vibração, radiação ionizante, pressões hiperbáricas, agentes químicos e biológicos, entre outros, respeitando os limites de tolerância conforme análise e parâmetro da norma.

NR-16 - Atividades e Operações Perigosas

Estabelece e regulamenta as condições e operações perigosas existentes na atividade laboral. Para os fins desta Norma Regulamentadora são consideradas *atividades ou operações perigosas* as executadas com explosivos ou inflamáveis sujeitos à degradação química ou autocatalítica e à ação de agentes exteriores, tais como calor, umidade, faíscas, fogo, fenômenos sísmicos, choque e atritos.

NR-17 - Ergonomia

Visa definir e estabelecer parâmetros que permitam a adaptação das condições de trabalho à característica psicofisiológica do trabalhador, objetivando um máximo de conforto e segurança em busca de um desempenho eficiente do trabalho de teleatendimento/telemarketing dos operadores de checkout.

Os aspectos e as condições adequadas ao trabalho incluem postura, mobiliário, transporte, descargas e levantamento de materiais, condições e organização no ambiente de trabalho.

NR-18 - Condições e Meio Ambiente de Trabalho na Indústria da Construção

Estabelece diretrizes de ordem administrativa, de planejamento e de organização, que objetivam a implementação de medidas de controle e sistemas preventivos de segurança nos processos, nas condições e no meio ambiente de trabalho na indústria da construção.

Consideram-se *atividades da indústria da construção* serviços em demolição, reparo, pintura, limpeza, manutenção de edifícios em geral, de qualquer número de pavimentos ou tipo de construção, inclusive manutenção de obras de urbanização e paisagismo, escavações, fundações, desmonte de rochas, carpintaria, armações de aço, estruturas de concreto, estruturas metálicas, operações de soldagem e corte a quente em escadas, rampas e passarelas, telhados, coberturas e instalações elétricas. A norma define que devem ser analisados, identificados, controlados e eliminados os riscos com movimentação e transporte de materiais e pessoas, andaimes e plataformas de trabalho, locais confinados, armazenagem e estocagem de materiais, máquinas, equipamentos e ferramentas.

NR-19 - Explosivos

Define a obrigatoriedade de empresas quanto à fabricação, ao manuseio e à armazenagem de explosivos.

Explosivos são substâncias capazes de se transformar rapidamente em gases, produzindo calor intenso e pressões elevadas.

NR-20 - Líquidos Combustíveis e Inflamáveis

Indica a obrigatoriedade de empresas quanto ao manuseio e à armazenagem de líquido combustível e inflamável.

Para efeito desta Norma Regulamentadora, fica definido como *líquido combustível* todo aquele que possua ponto de fulgor igual ou superior a 70ºC (setenta graus centígrados) e inferior a 93,3ºC (noventa e três graus e três décimos de graus centígrados). E fica definido como *líquido inflamável* todo aquele que possua ponto de fulgor inferior a 70ºC (setenta graus centígrados) e pressão de vapor que não exceda 2,8 kg/cm² absoluta a 37,7ºC.

NR-21 - Trabalho a Céu Aberto

Define a obrigatoriedade das empresas quanto à existência de abrigos capazes de proteger os trabalhadores contra intempéries, quanto à necessidade de medidas especiais na proteção contra a insolação excessiva, o calor, o frio, a umidade e os ventos inconvenientes, assim como as características do alojamento e as condições sanitárias nas atividades de trabalho a céu aberto.

NR-22 - Segurança e Saúde Ocupacional na Mineração

Tem por objetivo disciplinar os preceitos a serem observados na organização e no ambiente de trabalho, de forma a tornar compatíveis o planejamento e o desenvolvimento da atividade mineira com a busca permanente da segurança e saúde dos trabalhadores que exercem suas atividades em mineração subterrânea, a céu aberto, beneficiamento de minerais, garimpo e pesquisas minerais, definindo as responsabilidades das empresas ou dos permissionários de lavra garimpeira quanto a procedimento de segurança e saúde dos trabalhadores e preservação do meio ambiente, implantando Programa de Gerenciamento de Risco (PGR).

NR-23 - Proteção contra Incêndios

O objetivo desta norma é definir a obrigatoriedade das empresas de possuir sistema de proteção contra incêndio, com saídas suficientes para a rápida retirada do pessoal em serviço, em caso de incêndio. Define estrutura com espaço para circulação de pessoas e para abandono do local em caso de emergência, equipamentos suficientes para combater o fogo em seu início e pessoas qualificadas no uso correto desses equipamentos.

NR-24 - Condições Sanitárias e de Conforto nos Locais de Trabalho

Disciplina os preceitos a serem observados na organização e no ambiente de trabalho, quanto ao aspecto das condições sanitárias, de forma a trazer conforto, saúde e segurança ao trabalhador.

NR-25 - Resíduos Industriais

A NR-25 define a obrigatoriedade das empresas quanto à eliminação e ao descarte dos resíduos industriais de origem gasosa, líquida e sólida, gerados por processo de operação industrial. Obriga a criação de métodos com equipamentos ou medidas adequadas de acordo com a legislação nos níveis federal, estadual e municipal.

NR-26 - Sinalização de Segurança

Padroniza a identificação e a sinalização de equipamentos, canalização e área de trabalho, fixando cores, símbolo e rotulagem, as quais devem ser usadas nos locais de trabalho para prevenção de acidentes.

NR-27 - Registro Profissional do Técnico de Segurança do Trabalho no Ministério do Trabalho

Norma revogada pelo Ministério do Trabalho no dia 29/05/05 pela Portaria nº 262, publicada no Diário Oficial da União de 30/05/2008.

NR-28 - Fiscalização e Penalidades

Tem como objetivo a fiscalização e a aplicação de penalidade no cumprimento das disposições legais e/ou regulamentares sobre segurança e saúde do trabalhador, definindo regras legais na fiscalização, quanto à abrangência da autoridade do trabalho em determinar infração, penalidade e prazo para correção da irregularidade por não cumprimento das normas de segurança.

Define regras legais na aplicação das penalidades por irregularidade sobre segurança e saúde do trabalhador, conforme disposto no quadro de graduação de multa anexo à norma.

NR-29 - Segurança e Saúde no Trabalho Portuário

A NR-29 tem como objetivo regular a obrigatoriedade dos setores envolvidos, como: autoridade, sindicatos, empresa, tomador de serviço, trabalhadores com registro ou avulsos, assim como os demais trabalhadores que exerçam atividades nos portos organizados e instalações portuárias de uso privativo e retroportuárias, situadas dentro ou fora da área do porto organizado. A norma define que é preciso criar procedimentos de proteção contra acidentes e doenças profissionais, facilitar os primeiros socorros a acidentados e alcançar as melhores condições possíveis de segurança e saúde dos trabalhadores portuários, aplicando-se aos trabalhadores portuários em operações tanto a bordo como em terra.

NR-30 - Segurança e Saúde no Trabalho Aquaviário

Esta Norma Regulamentadora tem como objetivo a proteção e a regulamentação das condições de segurança e saúde dos trabalhadores aquaviários, aplicando-se a trabalhadores a bordo de embarcações artesanais, comerciais, industriais de pesca, plataformas destinadas à exploração e produção de petróleo, embarcações específicas para a realização de trabalho submerso e embarcações e plataformas destinadas a outras atividades, definindo competência, abrangência e responsabilidade dos órgãos fiscalizadores, empresas e trabalhadores.

NR-31 - Segurança e Saúde no Trabalho na Agricultura Pecuária, Silvicultura, Exploração Florestal e Aquicultura

A NR-31 aplica-se a quaisquer atividades da agricultura, pecuária, silvicultura, exploração florestal e aquicultura, estabelecendo os preceitos a serem observados na organização e no ambiente de trabalho, de forma a tornar compatíveis o planejamento, o desenvolvimento das atividades, as formas de relação de trabalho e o local das atividades, considerando a segurança e a saúde do trabalhador e do meio ambiente.

NR-32 - Segurança e Saúde no Trabalho em Serviços de Saúde

Sua finalidade é estabelecer as diretrizes básicas para a implementação de medidas de proteção à segurança e à saúde dos trabalhadores dos serviços de saúde, bem como daqueles que exercem atividades de promoção e assistência à saúde em geral.

Entende-se por *serviço de saúde* qualquer edificação destinada à prestação de assistência à saúde da população, e todas as ações de promoção, recuperação, assistência, pesquisa e ensino de saúde em qualquer nível de complexidade.

NR-33 - Segurança e Saúde nos Trabalhos em Espaço Confinado

Esta norma tem como objetivo estabelecer as condições e os requisitos mínimos para identificação de espaços confinados e reconhecimento, avaliação, monitoramento e controle dos riscos existentes, de forma a garantir permanentemente a segurança e a saúde dos trabalhadores que interagem direta ou indiretamente nesses espaços.

Para efeito desta norma, *espaço confinado* é qualquer área ou ambiente não projetado para ocupação humana contínua, que possua meios limitados de entrada e saída, cuja ventilação existente é insuficiente para remover contaminantes ou onde possa existir a deficiência ou enriquecimento de oxigênio.

NR-34 - Condições e Meio Ambiente de Trabalho na Indústria da Construção e Reparação Naval

Esta norma determina os requisitos mínimos e as medidas de proteção à segurança, à saúde e ao meio ambiente de trabalho nas atividades da indústria de construção e reparação naval.

Consideram-se *atividades da indústria da construção e reparação naval* todas aquelas desenvolvidas no âmbito das instalações empregadas para este fim ou nas próprias embarcações e estruturas, tais como navios, barcos, lanchas, plataformas fixas ou flutuantes, entre outras.

NR-35 - Trabalho em Altura

Esta norma indica os requisitos mínimos e as medidas de proteção para o trabalho em altura, envolvendo o planejamento, a organização e a execução, de forma a garantir a segurança e a saúde dos trabalhadores envolvidos direta ou indiretamente com essa atividade.

Considera-se *trabalho em altura* toda atividade executada acima de 2 m (dois metros) do nível inferior, onde haja risco de queda.

MTE - Portaria 202/2006

Portaria MTE nº 202, de 22 de dezembro de 2006

DOU 27.12.2006

Aprova a Norma Regulamentadora nº 33 (NR-33), que trata de Segurança e Saúde nos Trabalhos em Espaços Confinados.

O MINISTRO DE ESTADO DO TRABALHO E EMPREGO, no uso das atribuições que lhe confere o art. 87, parágrafo único, inciso II, da Constituição Federal e tendo em vista o disposto no art. 200 da Consolidação das Leis do Trabalho, Decreto-Lei no 5.452, de 1º de maio de 1943, resolve:

Art. 1º Aprovar a Norma Regulamentadora no 33 (NR-33), que trata de Segurança e Saúde nos Trabalhos em Espaços Confinados, na forma do disposto no Anexo a esta Portaria.

Art. 2º O disposto na Norma Regulamentadora é de cumprimento obrigatório pelos empregadores, inclusive os constituídos sob a forma de microempresa ou empresa de pequeno porte.

Art. 3º Esta Portaria entra em vigor na data de sua publicação.

NR-28 - Fiscalização e Penalidades

Este apêndice reproduz um trecho da norma NR-28 que apresenta os aspectos de fiscalização, embargo, interdição e penalidades aplicadas à NR-33.

NR 28 - Fiscalização e Penalidades

28.1 Fiscalização

28.1.1 A fiscalização do cumprimento das disposições legais e/ou regulamentares sobre segurança e saúde do trabalhador será efetuada obedecendo ao disposto nos Decretos nº 55.841, de 15/03/65, e nº 97.995, de 26/07/89, no Título VII da CLT e no § 3º do art. 6º da Lei nº 7.855, de 24/10/89 e nesta Norma Regulamentadora.

28.1.2 Aos processos resultantes da ação fiscalizadora é facultado anexar quaisquer documentos, quer de pormenorização de fatos circunstanciais, quer comprobatórios, podendo, no exercício das funções de inspeção do trabalho, o agente de inspeção do trabalho usar de todos os meios, inclusive audiovisuais, necessários à comprovação da infração.

28.1.3 O agente da inspeção do trabalho deverá lavrar o respectivo auto de infração à vista de descumprimento dos preceitos legais e/ou regulamentares contidos nas Normas Regulamentadoras urbanas e rurais, considerando o critério da dupla visita, elencados no Decreto no 55.841, de 15/03/65, no Título VII da CLT e no § 3º do art. 6º da Lei nº 7.855, de 24/10/89.

28.1.4 O agente da inspeção do trabalho, com base em critérios técnicos, poderá notificar os empregadores concedendo prazos para a correção das irregularidades encontradas.

28.1.4.1 O prazo para cumprimento dos itens notificados deverá ser limitado a, no máximo, 60 (sessenta) dias.

28.1.4.2 A autoridade regional competente, diante de solicitação escrita do notificado, acompanhada de exposição de motivos relevantes, apresentada no prazo de 10 dias do recebimento da notificação, poderá prorrogar por 120 (cento e vinte) dias, contados da data do Termo de Notificação, o prazo para seu cumprimento.

28.1.4.3 A concessão de prazos superiores a 120 (cento e vinte) dias fica condicionada à prévia negociação entre o notificado e o sindicato representante da categoria dos empregados, com a presença da autoridade regional competente.

28.1.4.4 A empresa poderá recorrer ou solicitar prorrogação de prazo de cada item notificado até no máximo 10 (dez) dias a contar da data de emissão da notificação.

28.1.5 Poderão ainda os agentes da inspeção do trabalho lavrar auto de infração pelo descumprimento dos preceitos legais e/ou regulamentares sobre segurança e saúde do trabalhador, à vista de laudo técnico emitido por engenheiro de segurança do trabalho ou médico do trabalho, devidamente habilitado.

28.2 Embargo ou Interdição

28.2.1 Quando o agente da inspeção do trabalho constatar situação de grave e iminente risco à saúde e/ou integridade física do trabalhador, com base em critérios técnicos, deverá propor de imediato à autoridade regional competente a interdição do estabelecimento, setor de serviço, máquina ou equipamento, ou o embargo parcial ou total da obra, determinando as medidas que deverão ser adotadas para a correção das situações de riscos.

28.2.2 A autoridade regional competente, à vista de novo laudo técnico do agente da inspeção do trabalho, procederá à suspensão ou não da interdição ou embargo.

28.2.3 A autoridade regional competente, à vista de relatório circunstanciado, elaborado por agente da inspeção do trabalho que comprove o descumprimento reiterado das disposições legais e/ou regulamentares sobre segurança e saúde do trabalhador, poderá convocar representante legal da empresa para apurar o motivo da irregularidade e propor solução para corrigir as situações que estejam em desacordo com exigências legais.

28.2.3.1 Entende-se por descumprimento reiterado a lavratura do auto de infração por 3 (três) vezes no tocante ao descumprimento do mesmo item de norma regulamentadora ou a negligência do empregador em cumprir as disposições legais e/ou regulamentares sobre segurança e saúde do trabalhador, violando-as reiteradamente, deixando de atender às advertências, intimações ou sanções e sob reiterada ação fiscal por parte dos agentes da inspeção do trabalho.

28.3 Penalidades

28.3.1 As infrações aos preceitos legais e/ou regulamentadores sobre segurança e saúde do trabalhador terão as penalidades aplicadas conforme o disposto no quadro de gradação de multas (Anexo I), obedecendo às infrações previstas no quadro de classificação das infrações (Anexo II) desta Norma.

28.3.1.1 Em caso de reincidência, embaraço ou resistência à fiscalização, emprego de artifício ou simulação com o objetivo de fraudar a lei, a multa será aplicada na forma do art. 201, parágrafo único, da CLT, conforme os seguintes valores estabelecidos:

Valor da multa (em *UFIR)	
Segurança do trabalho	Medicina do trabalho
6.304	3.782

*(UFIR) Unidade de Referência Fiscal.

ANEXO I

Número de empregados	Graduação de multa em (*BTN)							
	Segurança do trabalho				Medicina do trabalho			
	I1	I2	I3	I4	I1	I2	I3	I4
1 a 10	630 - 729	1129-1393	1691-2091	2252-2792	378-482	676- 839	1015-1254	1350-1680
11 a 25	730 - 830	1394-1664	2092-2495	2793-3334	429-498	840-1002	1255-1500	1681-1998
26 a 50	831 - 963	1665-1935	2496-2898	3335-3876	499-580	1003-1166	1501-1746	1999-2320
51 a 100	964 - 1104	1936-2200	2899-3302	3877-4418	581-662	1176-1324	1747-1986	2321-2648
101 a 250	1105-1241	2201-2471	3303-3717	4419-4948	663-744	1325-1482	1987- 2225	2649-2976
251 a 500	1242-1374	2472-2748	3719-4121	4949-5490	745-826	1483-1646	2226-2471	2977-3297
501 a 1000	1375-1507	2749-3020	4122-4525	5491-6033	827-906	1647-1810	2472-2717	3298-3618
Mais de 1000	1508-1646	3021-3284	4526-4929	6034-6304	907-900	1811-1973	2718-2957	3619-3782

(BTN) Bônus do Tesouro Nacional.

ANEXO II - NORMAS REGULAMENTADORAS - NR-33

NR-33 (210.000-2)

Item/Subitem	Código	Infração
33.3.3.2	133.040-3	3
33.3.3.3	133.041-1	2
33.3.3.4	133.042-0	2
33.3.3.5 "a"	133.043-8	2
33.3.3.5 "b"	133.0446	2
33.3.3.5 "c"	133.045-4	2
33.3.3.5 "d"	133.046-2	2
33.3.3.5 "e"	133.047-0	2
33.3.3.5 "f"	133.048-9	2
33.3.4.1	133.049-7	3
33.3.43	133.050-0	3
33.3.4.4	133.051-9	4
33. 3.4.5 "a"	133.052-7	3
33. 3.4.5 "b"	133.053-5	3
33. 3.4.5 "c"	133.054-3	3

Item/Subitem	Código	Infração
33. 3.4.5 "d"	133.055-1	3
33. 3.4.7 "a"	133.056-0	3
33.3.4.7 "b"	133.057-8	3
33.3.4.7 "c"	133.058-6	3
33.3.4.7 "d"	133.059-4	3
33.3.4.7 "e"	133.060-8	3
33.3.4.8	133.061-6	4
33.3.4.9	133.062-4	3
33.3.4.10	133.063-2	4
33.3.5.1	133.064-0	3
33.3.5.2 "a"	133.065-9	2
33.3.5.2 "b"	133.066-7	2
33.3.5.2 "c"	133.067-5	2
33.3.5.3	133.068-3	3
33.3.5.4	133.069-1	2
33.3.5.5	133.070-5	2
33.3.5.6	133.071-3	3
33.3.5.7	133.072-1	2
33.3.5.8	133.073-0	1
33.3.5.8.1	133.074-8	1
33.4.1	133.075-6	4
33.4.1 "a"	133.076-4	2
33.4.1 "b"	133.077-2	2
33.4.1 "c"	133.078-0	2
33.4.1 "d"	133.079-9-	2
33.4.1 "e"	133.080-2	2
33.4.2	133.081-0	3
33.4.3	133.082-9	3
33.5.1	133.083-7	4
33.5.3	133.084-5	4

Permissão de Entrada e Trabalho (PET)

Código da Equipe:	Atividade a ser Executada:	Data:
Local	Nº da instalação:	Código do veículo:
Nº da OS	Despachante	Horário de início ___:___	Horário de término ___:___

Requisitos para Autorização da Entrada

1- Toda a equipe tem conhecimento do plano de emergência	( ) Sim ( ) Não
Equipe de resgate: corpo de bombeiros	Telefone da equipe de resgate: 193
Coordenador:	Tel.:
TST:	Tel.:
Hospital mais próximo:	Tel.:
Rota de fuga:	
Descrição	
Área isolada e sinalizada de acordo com os procedimentos.	( ) Sim ( ) Não
Detectores de gases testados, aprovados e com calibração válida.	( ) Sim ( ) Não
Rádio de comunicação em ordem e operante com COD e COS.	( ) Sim ( ) Não
Vigia em comunicação com os trabalhadores autorizados. Qual o meio de comunicação?	( ) Sim ( ) Não
Equipamentos e procedimentos de resgate e movimentação vertical em ordem e à disposição.	( ) Sim ( ) Não
Trabalhadores com treinamento atualizado.	( ) Sim ( ) Não
Cintos de segurança para todos os trabalhadores.	( ) Sim ( ) Não
Teste inicial da atmosfera: Horário: ___:___	
Oxigênio: _____% Inflamável: _____% LIE CO: _____ ppm H_2S: _____ ppm	
Ventilação/exaustão após testes iniciais: Tipo: _____ Equipamento: _____ Tempo: ___:___	
Teste da atmosfera após 15 minutos da ventilação Horário: ___:___	
Oxigênio: _____% Inflamável: _____% LIE CO: _____ ppm H_2S _____ ppm	
Valores finais dos testes da atmosfera apresentaram os níveis aceitáveis.	( ) Sim ( ) Não
Perigos biológicos, elétricos e substâncias perigosas controladas e em condições aceitáveis.	( ) Sim ( ) Não
O espaço confinado está liberado para trabalhos a quente.	( ) Sim ( ) Não

Supervisor de entrada:
Eu avaliei e preenchi todos os itens da permissão de entrada. Todos os trabalhadores revisaram as condições e os requisitos da permissão e estão adequadamente treinados para executar este trabalho. Eu revisei o local para ter certeza de que está de acordo com o requerido pela permissão de entrada, portanto estou permitindo a entrada nesse espaço confinado.

Trabalhadores e vigias:
Eu fui avisado dos riscos desse espaço, revisei potenciais situações de emergência e providências a serem tomadas. Estou familiarizado com o uso de todos os equipamentos de proteção, resgate e comunicação, todas as técnicas a serem usadas e inspecionei os equipamentos citados.

Vigia		Nome	Registro	Assinatura	

Trabalhadores Autorizados:

Registro	Visto	Registro	Visto	Registro	Visto	Registro	Visto	Registro	Visto
Registro	Visto	Registro	Visto	Registro	Visto	Registro	Visto	Registro	Visto

Monitoramento da atmosfera durante os trabalhos deve ser contínuo e os resultados anotados a cada 60 minutos.

Agente avaliado	Hora	Valor	Hora	Valor	Hora	Valor	Valores aceitáveis
Oxigênio							
Gases inflamáveis							
Monóxido de carbono							
Gás sulfídrico							

Cancelamento do serviço
- Motivo do cancelamento.
- Verificar se todos os trabalhadores estão fora do espaço confinado e em segurança.
- Informar medidas de segurança adotadas: _____
Supervisor: _____ Assinatura: _____ Data: _____ Hora: _____

A entrada não será permitida se algum item dos requisitos para permissão de entrada e trabalho no espaço confinado estiver assinalado na coluna "(X) Não".

Legenda: NA = não se aplica	Nº do documento anexo a este:

Modelo de Procedimento de Testes de Medidores para Entrada em Espaço Confinado

Instrução para Teste dos Detectores Portáteis com Gás Padrão - "Bump Test" - Minuta

1. Objetivo

Verificar se os equipamentos detectores portáteis multigás (Tetra da Crowcon) estão efetivamente garantindo a funcionalidade de seus sensores para uma confiável valorização das concentrações dos gases nos ambientes a serem liberados para acesso e permanência dos trabalhadores durante a execução das atividades (a quente e em espaços confinados).

Atender requisitos da Norma Regulamentadora NR-33 - Segurança e Saúde nos Trabalhos em Espaços Confinados, Portaria nº 202, de 22 de dezembro de 2006, item 33.3.2, letras f e j, garantindo a segurança e a saúde de colaboradores e a prevenção a danos ao patrimônio.

2. Abrangência

Os procedimentos para teste dos detectores portáteis com gás padrão - "Bump Test" - definidos nesta minuta devem ser observados pelos autores deste livro.

3. Definição de Termos

ppm - partes por milhão
LEL - *Lower Explosive Limit*
(% LEL) = Limite Inferior de Explosividade
Vol. - porcentagem do oxigênio
(< 19,5% ou > 23%)

4. Competências

- **Segurança do Trabalho**

Aplicar os testes nos aparelhos com frequência quinzenal ou imediatamente após o uso, ou quando o aparelho tenha ficado superexposto a um determinado gás, tenha sofrido queda ou mesmo quando houver alguma suspeita de leitura errônea por parte do aparelho.

- **Setor de Manutenção - Apoio**

Calibrar os aparelhos conforme plano de calibração ou quando eles apresentarem valores errôneos nos testes "Pump Test".

5. Procedimento

O processo de teste dos aparelhos deve observar os seguintes passos:

5.1. Ligar o aparelho Tetra multigás conforme manual do aparelho.

Botão Liga/Desliga

5.2. Verificar nos cilindros de gás padrão (etiquetas) suas validades e as concentrações dos gases de referência.

H_2S - gás sulfídrico = 26 ppm

CO - monóxido de carbono = 249 ppm

CH_4 - metano = 2,48% = 50% LEL

O_2 - oxigênio = 17,92 %

NH_3 - amônia = 50 ppm

Etiqueta contendo as informações necessárias (validade e concentrações dos gases)

5.3. Conectar a válvula reguladora de vazão no cilindro.

- Válvula com mangueira na cor preta é para os gases CH_4 - O_2 - CO - H_2S.
- Válvula com mangueira na cor incolor é para o gás NH_3.

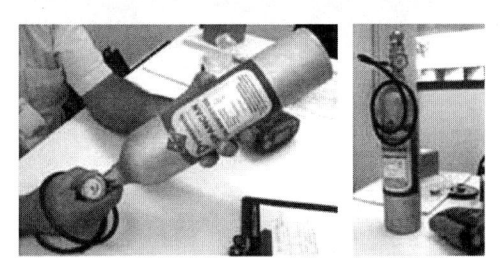

5.4. Conectar o adaptador da bomba ao aparelho.

Observação

Na prática, o adaptador só deve ser utilizado em avaliações com mangueira; caso contrário, utilizá-lo sempre no campo sem o adaptador.

5.5. Passar o ímã na parte frontal do aparelho (parte branca). A bomba do aparelho deve parar.

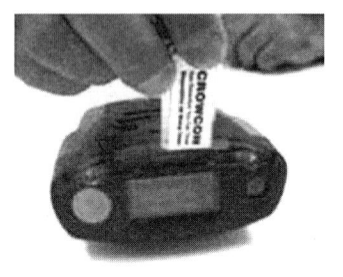

5.6. Conectar a mangueira ao aparelho e abrir a válvula, observando as indicações de leitura do aparelho (até 50% do indicador do "bar graph" - gráfico de barra).

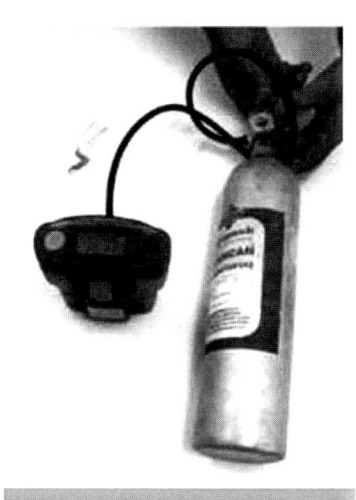

6. Ajuste eletrônico na faixa de leitura (sensibilidade) para os gases cujo aparelho não esteja lendo corretamente (letra X)

6.1. Conectar o comunicador interface (infravermelho) no computador.

6.2. Colocar o comunicador em frente ao sensor infravermelho do aparelho.

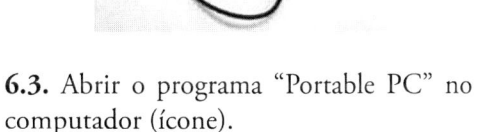

Conectar a mangueira e abrir a válvula. Simultaneamente acompanhar a leitura no display até 50% do "bar graph".

- Se acusar a letra X nos indicadores de cada gás no display, significa que o sensor não está avaliando corretamente os gases que estão sendo analisados.
- Se acusar o símbolo v nos indicadores de cada gás no display, significa que o sensor está lendo corretamente os gases que estão sendo analisados.

6.3. Abrir o programa "Portable PC" no computador (ícone).

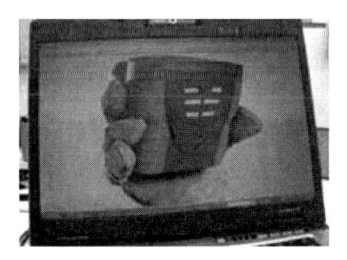

6.4. Clicar na janela (chave).

6.5. Selecionar o produto (Gásman) Tetra.

> *Observação*
>
> *O computador reconhece o aparelho pelo seu número de série.*

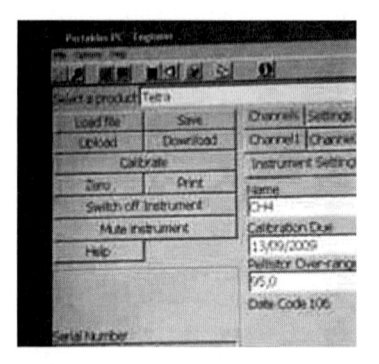

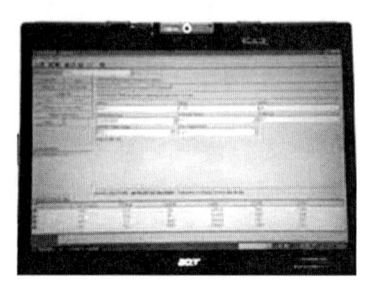

6.6. O software tem várias informações.

6.7. Fazer a opção para leitura (Read Channel Data) clicando no zero.

6.8. Fazer ajustes de "range", partindo de uma tolerância de ± 15% em torno do valor do gás padrão (quando os sensores forem novos), aumentando esta porcentagem em torno do valor padrão.

- No caso do gás CO ("range" de leitura de 0 a 500 ppm), leituras entre 50 e 450 ppm indicam que o sensor já está muito desgastado, necessitando de troca.
- No caso do gás CH_4 ("range" de leitura de 0 a 100% de LEL), leituras entre 10 e 90% indicam que o sensor já está muito desgastado, necessitando de troca.
- No caso do gás NH_3 ("range" de leitura de 0 a 100 ppm), leituras entre 10 e 90 indicam que o sensor já está muito desgastado, necessitando de troca.
- No caso do gás O_2 ("range" de leitura de 0 a 25% em volume), sensores em constante oscilação indicam que o sensor já está muito desgastado, necessitando de troca.

7. Verificação dos sensores utilizando o gás padrão

7.1. Conectar a válvula reguladora de vazão no cilindro.

- Válvula com mangueira na cor preta é para os gases CH_4 - O_2 - CO - H_2S.
- Válvula com mangueira na cor incolor é para o gás NH_3.

7.2. Conectar o adaptador da bomba ao aparelho sem parafusá-lo para não travar a bomba.

7.3. Conectar a mangueira no aparelho e abrir a válvula, observando as indicações de leitura do aparelho (display).

APR - Análise Preliminar de Riscos
Ambiente Câmara Subterrânea (Modelo)

Logo da Empresa		APR - Análise Preliminar de Riscos Ambiente Câmara Subterrânea (Modelo)	
Código da equipe:	Atividade a ser executada:	Data ___/___/_____	
Local:	Número da instalação:	Código do veículo:	
Número da OS:	Despachante:	Horário de início: ___/___/____	Horário de término: ___/___/____
O veículo deve ser calçado?			( ) Sim ( ) Não
A sinalização está compatível com a velocidade e o fluxo de veículos e de pedestres?			( ) Sim ( ) Não
A equipe conferiu o serviço a ser executado?			( ) Sim ( ) Não
O serviço procede com a solicitação, pedido etc.?			( ) Sim ( ) Não
As estruturas de escadas, equipamentos, tampões, grelhas e postes foram avaliadas?			( ) Sim ( ) Não
Assinale abaixo os riscos que foram apontados:			
Risco:	Resposta:		Medida de controle - EPI e EPC
Velocidade da via _____ km - Descreva as sinalizações utilizadas: _____			
Necessidade de apoio na sinalização?		( ) Sim ( ) Não _____	
Existe risco de atropelamento?		( ) Sim ( ) Não _____	
Existe risco de queda de altura?		( ) Sim ( ) Não _____	
Existe risco de arco voltaico?		( ) Sim ( ) Não _____	
Existe risco de choque elétrico?		( ) Sim ( ) Não _____	
Existe risco de presença de animais peçonhentos e insetos?		( ) Sim ( ) Não _____	
Existe risco ergonômico?		( ) Sim ( ) Não _____	
Existe risco químico?		( ) Sim ( ) Não _____	
Existe risco físico (ruído)?		( ) Sim ( ) Não _____	
Existe risco de projeção e impacto?		( ) Sim ( ) Não _____	
Existe risco de carga suspensa?		( ) Sim ( ) Não _____	
Existe risco de iluminação deficiente?		( ) Sim ( ) Não _____	
Existem outros riscos?		( ) Sim ( ) Não _____	
Este serviço requer desligamento e bloqueio de equipamento? Quais?_____ Quem deve ser informado?_____			( ) Sim ( ) Não ( ) NA
Necessita barreiras dielétricas?			( ) Sim ( ) Não ( ) NA

Deve haver medidas de controle para assegurar a equipe e terceiros Qual a classe de tensão? ( ) BT < 1 kV ( ) MT de 3,8 kV a 34,5 kV ( ) Subtransmissão 88/138 kV ( ) Energizado ( ) Desligado ( ) Desligado e aterrado em 2 pontos	( ) Sim ( ) Não ( ) NA
É necessária a retirada de água ou efluentes com ou sem resíduos do local de trabalho?	( ) Sim ( ) Não ( ) NA
Será dado um destino adequado a esses efluentes?	( ) Sim ( ) Não ( ) NA
É necessário lavagem das instalações?	( ) Sim ( ) Não ( ) NA
É necessário fazer teste de ausência ou verificação de tensão?	( ) Sim ( ) Não ( ) NA
Serão realizadas tarefas com o uso de nitrogênio ou onde tenha equipamento a SF6? Se sim, todos sabem dos riscos em caso de vazamento? _____	( ) Sim ( ) Não ( ) NA
Este serviço requer o uso de aterramento temporário previsto na NR-10? Quantos pontos serão instalados? Primário: _____ Secundário: _____ IP: _____ Onde serão instalados? _____	( ) Sim ( ) Não ( ) NA
Na atividade será empregado maçarico?	( ) Sim ( ) Não ( ) NA
É necessário conforto térmico por meio de ventilação forçada?	( ) Sim ( ) Não ( ) NA
Hoje houve preleção - Diálogo Diário de Segurança (DDS)? Cite um assunto: _____	( ) Sim ( ) Não ( ) NA
Todos estão bem fisicamente e psicologicamente?	( ) Sim ( ) Não ( ) NA
Todos entenderam os requisitos de segurança?	( ) Sim ( ) Não ( ) NA
Todos estão de acordo para executar o serviço?	( ) Sim ( ) Não ( ) NA
Houve reavaliação das atividades? Se sim, preencher nova APR.	( ) Sim ( ) Não ( ) NA

Líder da equipe:		Registro:				Visto:					
Registro: (Membro da equipe)	Visto: (Membro da equipe)	Registro:	Visto:	Registro:	Visto:	Registro:	Visto:	Registro:	Visto:	Registro:	Visto:
Registro:	Visto:	Registro:	Visto:	Registro:	Visto:	Registro:	Visto:	Registro:	Visto:	Registro:	Visto:

Permissão de Trabalhos Especiais

PTE - Permissão para Trabalhos Especiais

Recomendações Gerais
1 - Siga rigorosamente as recomendações relativas às atividades/tarefas a serem executadas.
2 - Antes de iniciar os serviços, inspecione o local, uma APT e certifique-se de que todos os cuidados foram tomados.
3 - Esta PTE é válida somente quando assinada pelo emitente.

☐ Nome da Empresa:		Gerência:	Data:
☐ Nome da Contratada:			
Hora Início:		Hora Fim:	

Tipo de Trabalho Especial: ☐ Outros
☐ Testes Radioativos ☐ Substâncias Perigosas   ☐ Escavações
☐ Eletricidade   ☐ Trabalho em Altura   ☐ Incêndio/Explosão

Trabalho a ser executado:

EPIs necessários para executar a atividade:

Local/Equipamento onde será executado:

Nome do emitente:			Assinatura
Responsáveis pela(s) equipe(s) 01)			Assinatura(s)
02)			

Nome(s) do(s) executante(s)			Assinatura(s)
01)			
02)			
03)			
04)			
05)			
06)			
07)			
08)			
09)			

Comentários do(s) executante(s): (relatar fatos relevantes referentes à segurança, ocorridos durante a execução do trabalho)

Fonte: http://www.slideshare.net/anecosta30/modelo-de-pte/download29/04/2012

PTE - PERMI PTE - Permissão para Trabalhos Especiais		
Tipo de Trabalho Especial	Itens a Serem Verificados - Assinalar com: S = Sim; N = Não; NA = Não se Aplica	Outras Recomendações
Testes Radiográficos	☐ Realizado cálculo para determinar área restrita ☐ Área de trabalho isolada e sinalizada ☐ Distância da área restrita atende norma da CNEN ☐ Monitor de radiação está no local e aferido ☐ Empregados executantes da tarefa estão portando filmes ☐ Supervisor de radioproteção está presente no local ☐ Equipamentos de resgate de fonte estão no local ☐ Foi feita uma APT para o trabalho e todos estão cientes	
Substâncias Perigosas	☐ Todas as válvulas foram fechadas, travadas e taqueadas ☐ Instalado flange cego ☐ Realizada a medição de concentração da substância ☐ Todos os empregados têm conhecimento da APT ☐ Os equipamentos de proteção (EPIs) estão disponíveis ☐ Área de trabalho foi isolada e sinalizada	
Trabalho em Altura	☐ Verificar estabilidade/travamento de andaimes, escadas e pranchões de madeira providos de corrimão, rodapés e guarda-corpo ☐ As escadas foram inspecionadas ☐ Área de trabalho foi isolada e sinalizada ☐ Avaliar possibilidade de queda de objeto sobre pessoas e equipamentos ☐ Empregados fazem uso do cinto de segurança do tipo alpinista ☐ Corda/cabo de segurança e trava-quedas	
Eletricidade	☐ Luva isoladora testada e disponível ☐ Equipamentos de testes elétricos disponíveis ☐ Sistema de aterramento providenciado ☐ Empregados habilitados e devidamente treinados ☐ Todos os EPIs estão disponíveis no local e serão utilizados ☐ Todos os empregados têm conhecimento da APT	
Escavações	☐ Equipamento de escavação nivelado e mantido a uma distância regular da cava ☐ Área iluminada adequadamente ☐ Escoramento providenciado ☐ Tubulações e cabos subterrâneos identificados ☐ Área de trabalho foi isolada e sinalizada ☐ Instalados meios de saída	
Incêndio / Explosão	☐ Vasilhames desgaseificados adequadamente ☐ Instalado anteparo de faíscas e fagulhas ☐ Verificado o nível de explosividade no local ☐ O equipamento está despressurizado, drenado, purgado e flangeado ☐ Providenciado extintor de incêndio local ☐ Área de trabalho foi isolada e sinalizada ☐ Todos os empregados têm conhecimento da APT	

PTE - PERMI PTE - Permissão para Trabalhos Especiais

Tipo de Trabalho Especial	Itens a Serem Verificados - Assinalar com: S = Sim; N = Não; NA = Não se Aplica	Outras Recomendações
Espaços Confinados	☐ Verificado o nível de explosividade do local ☐ Local interno limpo ☐ Iluminação local à prova de explosão ☐ Ventilação do local providenciada ☐ As ferramentas a serem utilizadas não geram faíscas ☐ Providenciado vigia treinado e orientado na parte externa	
Outros	☐	
	☐	
	☐	
	☐	

Fonte: http://www.slideshare.net/anecosta30/modelo-de-pte/download29/04/2012

Modelo de Autorização de Trabalho a Quente

Autorização para Trabalho a Quente

Antes de iniciar qualquer trabalho a quente, verifique se ele pode ser evitado e se há maneira mais segura de fazê-lo. Verifique as precauções indicadas a seguir.

Data: ___ / ___ / ___		Horário em que expira ___:___	Horário de início ___:___	Horário de encerramento ___:___
Local: _____				
Natureza do trabalho	Solda ☐	Maçarico ☐	Lixamento ☐	Aquecimento ☐
Execução por	Funcionário ☐	Contratado ☐		
Necessita de vigilância contra incêndio ➡		Sim ☐	Não ☐	

Responsável pela emissão da autorização   Chapa
Nome: _____   _____

Executante   Chapa
Nome: _____   _____

Vigilante contra incêndio   Chapa
Nome: _____   _____
Deve permanecer por no mínimo 30 minutos no local após encerrado o trabalho a quente.

Supervisor da área ou manutenção   Chapa
Nome: _____   _____

Responsável pelo encerramento da autorização   Chapa
Nome: _____   _____
Após o encerramento, a área deve ser fiscalizada.

Relação de precauções necessárias:

Os sprinklers, hidrantes e extintores de incêndio disponíveis estão funcionando.
Os equipamentos de trabalho a quente estão em boas condições e fora do alcance de centelhas.
Precauções a serem tomadas num raio de 11 m da área onde será efetuado o trabalho a quente.
Líquidos inflamáveis, pós-combustíveis e depósitos oleosos foram removidos.
Atmosfera explosiva na área foi eliminada.
Pisos foram varridos.
Pisos combustíveis foram molhados, cobertos com areia úmida ou lonas existentes a fogo.
Outros combustíveis foram removidos, quando possível; caso contrário, foram protegidos com lonas resistentes a fogo ou protetores de metal.
Todas as aberturas de parede e piso foram cobertas.
Lonas resistentes a fogo foram estendidas abaixo do trabalho.
Calhas de cabos e fiações foram protegidas.
Trabalho em paredes ou tetos.
Construção não é combustível e não possui revestimento ou impermeabilização combustível.
Combustíveis do outro lado de parede foram removidos.
Trabalho em equipamentos enclausurados.
Equipamentos enclausurados estão livres de todos os combustíveis.
Recipientes estão purgados de líquidos ou vapores inflamáveis.
Vigilância contra incêndio e fiscalização na área de trabalho a quente.
Vigilância de incêndio presente durante e por mais 30 minutos após o término do trabalho, incluindo qualquer intervalo para lanche ou almoço
Vigilância de incêndio está provida de extintores e, quando prático, mangueira de incêndio.
Vigilância de incêndio está treinada para utilizar esses equipamentos e para comunicar emergências.
Vigilância de incêndio pode ser acionada para atuar nas áreas adjacentes, acima e abaixo.
Fiscalização do trabalho a quente após a conclusão do trabalho.
Outras precauções tomadas: isolamento da área, bloqueio de equipamentos de acordo com a norma de cartão vermelho, uso de acendedor adequado para maçarico ("saci").

A Dama e o Tigre
Nova Versão de um Antigo Conto de Fadas

Era uma vez um país no qual o rei lançou um desafio a três jovens cavaleiros.

Cada um deles seria colocado numa sala contendo duas portas e poderia abrir qualquer uma delas.

Uma dessas portas dava passagem a um tigre faminto, o mais feroz e cruel que se pode imaginar, o qual pularia sobre o cavaleiro para devorá-lo. Mas se ele abrisse a outra porta, encontraria, à sua frente, uma dama - a mais linda e desejável jovem que o rei encontrara entre seu povo.

A única questão era: qual porta abrir?

O primeiro cavaleiro recusou-se a tentar a sorte. Ele viveu em segurança e morreu virgem.

O segundo contratou os serviços de especialistas em análise de riscos. Comprou dispositivos tecnológicos sofisticados para ouvir os rugidos e detectar traços de perfume. Preencheu uma série de planilhas de identificação de perigos e de análise de riscos. Preencheu tabelas sobre as vantagens de cada solução e fez uma avaliação de sua aversão aos riscos. Finalmente, sentindo que em alguns anos não poderia, de qualquer maneira, aproveitar a presença da dama, abriu a porta "ótima". E foi devorado por um tigre de baixa probabilidade.

O terceiro aprendeu a domar tigres.

MORAL DA ESTÓRIA (para aqueles que gostam que as parábolas sejam explicadas)

Os cavaleiros representam as pessoas. O tigre representa o incêndio, a explosão ou uma liberação de gás tóxico. A dama representa nossos produtos e as vantagens que eles trazem à humanidade.

Como o primeiro cavaleiro, a humanidade pode abandonar o jogo. Podemos nos abster das fábricas químicas, de seus produtos e das vantagens que eles trazem.

Como o segundo, podemos tentar - e nós o fazemos - reduzir os riscos e abrir as melhores portas; mas não podemos jamais estar totalmente seguros.

Se possível, devemos tentar, como o terceiro cavaleiro, mudar as condições de trabalho, escolher concepções e métodos de trabalho que eliminem ou reduzam o perigo.

(traduzido do livro: "Cheaper, safer plants or wealth and safety at work -
notes on inherently safer and simpler plants" - T. A. Kletz)

Bibliografia

BARROS, B. F. et al. **Sistema Elétrico de Potência - SEP:** Guia Prático: Conceitos, Análises e Aplicações de Segurança da NR-10. São Paulo: Érica, 2012.

BARROS, B. F. et al. **NR-10 - Guia Prático de Análise e Aplicação.** 2. ed. São Paulo: Érica, 2010.

DE CICCO, M. G. A. F. **Gestão de Riscos**. A norma AS/NZS 4360:2004. São Paulo, 2004. [Tradução].

DE CICCO, M. G. A. F. **OHSAS 18001:** Especificação para Sistemas de Gestão da Segurança e Saúde no Trabalho. São Paulo, 2003. [Tradução].

DE CICCO, M. G. A. F. **OHSAS 18002:** Sistemas de Gestão da Segurança e Saúde no Trabalho - Diretrizes para a Implementação da OHSAS 18001. São Paulo, 2001. [Tradução].

MINISTÉRIO DO TRABALHO E EMPREGO - MTE. SIT. **Caminhos da Análise de Acidentes do Trabalho.** Brasília, 2003.

MORAES, M. V. **Enfermagem do Trabalho:** Programas, Procedimentos e Técnicas. 3. ed. São Paulo: Érica, 2011.

PANDAGGIS, L. R. **Árvore de Causas**. Apostila do Curso de Engenharia de Segurança, PECE, 2001.

PAOLESCHI, B. **CIPA:** Guia Prático de Segurança do Trabalho. São Paulo: Érica, 2012

PECE - Programa de Educação Continuada da Universidade de São Paulo. Apostilas de Treinamento e Gerenciamento de Riscos, 2009.

Safety Video, Hazards Of Nitrogen Asphyxiation.

http://www.equiprotec.com.br/talabarte_cintos_de_seguranca_travaquedas.htm. Acesso em 16/04/2012.

Curso de bombeiros - resgate. Disponível em http://www.cb.es.gov.br/files/meta/9c79332b-f0d2-4891-8f9c-b26d981b2258/dc86d294-cb6c-42d6-ae13-04be2676943f/91.pdf. Acesso em 17/04/2012.

Fundação Coge. Disponível em: http://www.funcoge.org.br/ Acesso em: 12/12/2011.

Marcas Registradas

Todos os nomes registrados, marcas registradas ou direito de uso citados neste livro pertencem aos seus respectivos proprietários.

Índice Remissivo

A

Abandono 81
Acidentes
    em geral 142
    fatais 80
Agentes químicos 95
Alertas 81
Ambientes IPVS 94
Análise de
    árvore de falhas (AAF) 66
    risco 63
Anel metálico 89
Apitos e corneta de ar 42
APR 65, 68, 76
Ar mandado 40
Atmosfera(s)
    inflamável 55
    IPVS 57
    rica em oxigênio 54
    tóxicas 57

B

Bitola 88
Blocantes 45
Bloqueadores de válvulas 32
Bomba com mangueira 98
Brainstorming 65
Brigada 122

C

Cabe aos empregados 26
Cabo-guia 88
Cabos de
    aço, corda e fitas 44
    sustentação 88
Calor 49
Caso de intoxicação 134
Centrífugos 38
Chapeleta 45
Check-list 65
Chicote 88
Cilindro 95
Cintas de ancoragem ou talabartes 45
Cintos de segurança 45
CIPA 48
Classes de incêndio 115
Colar cervical 98
Comburente 109, 112
Combustão 109, 110
Combustível(eis) 109, 111
    líquidos 118
Condições psicossociais e físicas 82
Conectores 93

D

Deficiência de oxigênio 53
Descensores 45

Desobstrução das vias aéreas 129

Detector de gás 99

Diálogo Diário de Segurança (DDS) 65

E

Empregador 23

Empresa contratada 24

Empresas contratante e contratada 25

Enriquecimento de oxigênio 53

EPCs 76

EPIs 76

Equipamento(s) de 79
    proteção respiratória autônomo 39
    movimentação vertical 43
    proteção 73
    equipe bem treinada 79

Escadas 43
    de gancho ou prolongáveis 98

Espaços confinados 80

Evacuação de área 122

Extintor 118

F

Faixas refletivas 97

Falcaça 88

Fogo 109
    de classe C 118

Fonte de calor 109, 112

Formulário APR 67

Freio oito 45

Frio 50

G

Gases
    e vapores combustíveis 53
    e vapores tóxicos 53
    explosivos 46

Gás
    metano 58
    sulfídrico 58

Gasosos 111

Gestão de segurança 29

Gravidade Urgência Tendência (GUT) 65

Guincho 43

H

Hemorragias 131

I

Imobilizador KED 98

Imperícia 27

Imprudência 27

Inspeção
    anual 123
    mensal 123

Insuflação
    mecânica e exaustão natural 36
    natural e exaustão mecânica 36

Intercomunicador (monofone) 42

Intoxicação por
    monóxido de carbono (CO) 134

L

Lais de guia 87

Lanterna 100

Legislações 120
Leis do Trabalho (CLT) 25
Lesão 132
Limites de Explosividade 56
Líquidos 111
Luvas 95
Luxações 134

M

Macas 98
    e pranchas 45
Malha rápida 45
Máscaras
    de gás 95
    plásticas 95
Massagem cardíaca 130
Material ou isolamento 115
Medida 32
Membro lesado 132
Monitoramento
    contínuo 33
    periódico 33
Monóxido de carbono 58
Mosquetão 45

N

Negligência 27
Nitrogênio 58
Nó
    carioca 88
    de Arnês 88
    de segurança 87
    direito 88
    direito alceado 88
    oito com dupla alça 87
    oito duplo 86
    oito simples 86
    prussik 87
NR-9 48
NR-33 23

O

ONAF 36
Oxímetros 46

P

Parada cardíaca 128
Pareto 65
Permear 88
PET 30, 68, 76
Polias 91
Pontos arteriais 132
Posicionamento 130
Pressões anormais 50
Primeiros socorros 127
    para entorses 134
Produtos químicos 118
Purificadores 38

Q

Quadrado do fogo ou tetraedro do fogo 110
Quedas e resgate 84

R

Radiação
    ionizante 50
    não ionizante 50

Rádios comunicadores 42
Reação química em cadeia 110, 112
Resgate 77
    do trabalhador 85
Respiradores 39, 95
Riscos
    ambientais 48
    biológicos 51
    de acidentes 52
    de explosões 143
    ergonômicos 52
    físicos 49
    químicos 51
Rota de fuga 122
Rótulo de classe 121
Ruído 49

S

Sacola de lona 99
SCBA 95
Segurança
    coletiva 102
    dos materiais 102
    individual 102
Seio 88
Sinalização
    permanente 34
    temporária 34
Sistema(s)
    de segurança regulável 92
    de cordas 88
Socorrista 127
Substâncias tóxicas 58

T

Talabarte 93
Técnica(s) de
    Incidentes Críticos (TIC) 65
    prevenção 30
Tesar 89
Trabalho a quente 59
Transporte
    de maca 136
    no colo 136
Treinamento 32, 122
Triângulo de evacuação 98
Tripé e monopé 45

U

Umidade 50

V

Ventilação 34
    mecânica 35
    natural 35
    para conforto térmico 35
    para conservação de materiais 35
    para manutenção 35
Vibrações 50
Volta de fiel 87

W

What-If (WI) - técnica de
    análise geral, qualitativa 66

Projetos de Fontes Chaveadas - Teoria e Prática

Autor: Luiz Fernando Pereira de Mello
Código: 3370 • 288 páginas • Formato: 17,5 x 24,5 cm • ISBN: 978-85-365-0337-0 • EAN: 9788536503370

Destinado a estudantes e profissionais da área, o livro aborda os fundamentos básicos para projetos de fontes chaveadas. Abrange o funcionamento de cada conversor para a condição de estado estável, equações para dimensionamento e projeto dos conversores, criação de um modelo para a chave PWM, influências que perturbações externas podem causar no conversor, além de fornecer soluções para melhorar a sua performance.
Explica conceitos de estabilidade de sistemas realimentados por meio de um projeto de circuito de controle passo a passo, utilizando o software MATLAB 7.0. Para verificar o funcionamento do conversor projetado, é usado o simulador eletrônico PSIM 9.0 para cada tipo de fonte projetada.
Esclarece o funcionamento dos transistores e diodos utilizados como chave e indica como projetar os componentes magnéticos usados em fontes chaveadas.

Elementos de Lógica Programável com VHDL e DSP - Teoria e Prática

Autores: Cesar da Costa, Leonardo Mesquita e Eduardo Pinheiro
Código: 3127 • 296 páginas • Formato: 20,5 x 27,5 cm • ISBN: 978-85-365-0312-7 • EAN: 9788536503127

De forma didática a obra apresenta os conceitos básicos para saber projetar e configurar sistemas digitais simples e complexos com processamento de sinais DSP (Digital Signal Processing), dispositivos lógicos programáveis (PLDs - Programmable Logic Device), como FPGA (Field Programmable Gate Array), CPLD (Complex Programmable Logic Device) e lógica programável com VHDL (VHSIC Hardware Description Language).
Aborda aspectos teóricos, tipos de dispositivos lógicos programáveis, arquiteturas, metodologias de projetos de circuitos digitais, ferramentas de software EDA (Electronic Digital Automation), linguagens de descrição de hardware utilizadas em projetos com lógica programável, circuitos sequenciais, contadores e registradores, simulação de circuitos e testes com os softwares Quartus II v.9 e Quartus II v.10/ModelSim v.10, projetos de sistemas sequenciais, processamento digital de sinais e muito mais.
Em modelagens, testes e simulações dos projetos com DSP foram usados Matlab 7.9, Simulink 7.4, DSP Builder v.10, Quartus II v.10 e o ModelSim v.10 na simulação do arquivo gerado em VHDL.
Para exemplificar a parte prática, foi utilizado o kit de desenvolvimento DE2 (Development and Education Board), que usa o FPGA EP2C35F672C6 da família Cyclone II.

Instrumentação Eletrônica sem Fio
Transmitindo Dados com Módulos XBee ZigBee e PIC16F877A

Autor: Jadeilson de Santana Bezerra Ramos
Código: 4018 • 240 páginas • Formato: 17,5 x 24,5 cm • ISBN: 978-85-365-0401-8 • EAN: 9788536504018

Indicado a estudantes, entusiastas, técnicos, engenheiros e outros profissionais, este livro traz modernas técnicas de instrumentação sem fio e suas vantagens, abordagem histórica e fatores que influenciam nas medições. Elenca as funcionalidades dos módulos XBee ZigBee, define IEEE e a relação do padrão ZigBee com o IEEE 802.15.4. Explica as diversas séries de hardware existentes, a transmissão de dados sem fio, endereçamento, o formato dos dados transmitidos serialmente ao microcontrolador, comunicação AT e API e ferramentas de hardware e software para configuração dos módulos XBee. Ensina como utilizar a placa CON-USBBEE, sua interação com os softwares RCOM-MeshBee 1.0, X-CTU 5.1.4.1 e os módulos XBee, suas portas digitais e analógicas, bem como suas configurações. Por fim, implementa a instrumentação sem fio, utilizando módulos XBee e o microcontrolador PIC16F877A, apresentando um projeto de aquisição de dados e controle.

Eletricidade Aplicada em Corrente Contínua - Teoria e Exercícios

Autor: Eduardo Cruz
Código: 0840 • 264 páginas • Formato: 17 x 24 cm • ISBN: 978-85-365-0084-3 • EAN: 9788536500843

Esta é uma edição reestruturada do livro Eletricidade - Circuitos em Corrente Contínua e foi adaptada para atender ao componente curricular de eletricidade nos cursos de Eletrônica, Eletrotécnica, Eletroeletrônica, Telecomunicações, Mecatrônica e Automação Industrial.
Com linguagem didática, exercícios resolvidos e propostos e textos em inglês técnico, o livro relaciona conceitos teóricos e aplicações práticas. Sempre que possível, utiliza especificações reais de diversos dispositivos, como resistor, potenciômetro, capacitor, indutor e relé.
Aborda os princípios de eletrostática e de eletrodinâmica, resistência elétrica, potência e energia elétricas, Leis de Kirchhoff, associação de resistores, análise de circuitos resistivos, teoremas da Superposição, de Thévenin e de Norton, análise de circuitos pelo Método de Maxwell, especificações e aplicações do capacitor e do indutor.

Análise de Circuitos em Corrente Alternada

Autor: Eng. Rômulo Oliveira Albuquerque
Código: 143X • 240 páginas • Formato: 17 x 24 cm • ISBN: 978-85-365-0143-7 • EAN: 9788536501437

Leitura indispensável para estudantes de cursos técnicos e de engenharia das áreas de eletrônica, automação, mecatrônica e eletrotécnica, esta publicação apresenta a análise e o projeto de circuitos em corrente alternada de forma simples e didática.
É uma edição revisada e atualizada do livro Circuitos em Corrente Alternada, oitava edição. Aborda números complexos, sinais senoidais com análises gráfica e matemática, dispositivos eletromagnéticos, análise de circuitos indutivos e capacitivos (RL Série e RL Paralelo), aplicações dos circuitos RL e RC, circuitos RLC Série e Paralelo, associação de impedâncias e análise de circuitos mistos e sistemas monofásicos e trifásicos. Traz exemplos e exercícios práticos.

Eletrônica

Utilizando Eletrônica com AO, SCR, TRIAC, UJT, PUT, CI 555, LDR, LED, FET e IGBT

Autores: Rômulo Oliveira Albuquerque e Antonio Carlos Seabra
Código: 2465 • 208 páginas • **Formato:** 17 x 24 cm • **ISBN:** 978-85-365-0246-5 • **EAN:** 9788536502465

Este livro é destinado a estudantes e profissionais das áreas de eletrônica, automação industrial, mecatrônica, eletroeletrônica e aficionados da área. Descreve o amplificador operacional, dispositivo de larga aplicação em todos os campos da eletrônica, apresenta o CI 555 e o componente UJT, os tiristores e suas aplicações, os principais dispositivos optoeletrônicos, além de dois componentes importantes na eletrônica industrial de potência: o IGBT e o FET, e traz alguns exercícios resolvidos e propostos com solução. É importante conhecer diodos, transistores e leis de circuito para acompanhar o estudo do livro.

Elementos de Eletrônica Digital

Autores: Francisco Gabriel Capuano e Ivan Valeije Idoeta
Código: 0193 • 544 páginas • **Formato:** 16 x 23 cm • **ISBN:** 978-85-7194-019-2 • **EAN:** 9788571940192

Esta atualização do livro Elementos de Eletrônica Digital objetiva principalmente atender às recentes inovações tecnológicas dessa área. Conserva uma abordagem didática, simples e objetiva e a apresentação dos conceitos adequada à atual realidade de ensino. Descreve sistemas de numeração, funções e portas lógicas, álgebra de Boole e simplificação de circuitos lógicos, circuitos combinacionais, flip-flop, registradores e contadores, conversores, famílias de circuitos lógicos. Possui exercícios resolvidos e propostos reformulados e suas respostas.

Eletrônica Aplicada

Autores: Eduardo Cesar Alves Cruz e Salomão Choueri Jr.
Código: 1505 • 304 páginas • **Formato:** 17 x 24 cm • **ISBN:** 978-85-365-0150-5 • **EAN:** 9788536501505

Aborda diversos dispositivos eletrônicos como diodos (retificador, LED, Zener e Schockley), transistores (bipolar, JFET, MOSFET e UJT), tiristores (SCR, TRIAC, DIAC, SUS e SBS), termistores (NTC e PTC), optoeletrônicos (LDR, fototransistor e optoacoplador) e circuitos integrados lineares (amplificador operacional, temporizador, regulador de tensão e amplificador de áudio).
Analisa e desenvolve projetos de fontes de alimentação, amplificadores, multivibradores, aplicações de amplificador operacional e circuitos de acionamento, de controle de potência e de sensores.
Destinado a profissionais, estudantes e professores de cursos técnicos, tecnológicos e de engenharia da área industrial.

Projetos de Circuitos Digitais com FPGA

Autor: Cesar da Costa
Código: 2397 • 208 páginas • **Formato:** 17 x 24 cm • **ISBN:** 978-85-365-0239-7 • **EAN:** 9788536502397

Esta obra apresenta e discute os princípios e as técnicas de projeto de circuitos digitais com dispositivos de lógica programável FPGA. Mostra o emprego de novas ferramentas computacionais no desenvolvimento de projetos por meio de exemplos e casos práticos do dia a dia do projetista de circuitos digitais.
Abrange teoria básica da eletrônica digital, ambiente de software EDA, laboratório de circuitos digitais com FPGA e revisão de controladores digitais. Traz procedimentos que ilustram a utilização de lógica programável em sistemas digitais com base em CLP e aplicações práticas.
Destina-se a estudantes, professores, técnicos, autodidatas e profissionais da área.
Para acompanhamento da parte prática do livro são necessários os softwares Quartus II Web Edition, versão 9.0, do fabricante Altera Co. (www.altera.com) e o kit de desenvolvimento FPT1 da empresa Leap Electronic Co. (www.leap.com.tw).

Eletrônica de Potência - Conversores de Energia CA/CC - Teoria, Prática e Simulação

Autores: Prof. Dr. Devair Aparecido Arrabaça e Prof. Dr. Salvador Pinillos Gimenez
Código: 3714 • 336 páginas • **Formato:** 17,5 x 24,5 cm • **ISBN:** 978-85-365-0371-4 • **EAN:** 9788536503714

Traz um estudo detalhado dos conceitos de eletrônica de potência, de forma qualitativa e quantitativa, quanto aos conversores de energia CA/CC não controlados (diodos) e controlados (tiristores, SCRs). Destina-se a estudantes de escolas técnicas, de graduação em tecnologia e engenharia e de cursos de pós-graduação em eletrônica, eletrotécnica, energia, mecatrônica, automação e controle, automação industrial e robótica.
Rico em exercícios resolvidos e propostos, laboratórios de simulação e procedimento experimental, aborda as principais classes de conversores estáticos, transformador trifásico com enfoque em retificadores industriais (monofásico, trifásico e hexafásico), efeitos da comutação simples, dispositivos semicondutores, circuito integrado (IC) usados em circuitos de disparo

Eletrônica

Instrumentação Industrial - Conceitos, Aplicações e Análises - Edição Revisada

Autor: Eng. Arivelto Bustamante Fialho

Código: 9220 • 280 páginas • Formato: 17 x 24 cm • ISBN: 978-85-7194-922-5 • EAN: 9788571949225

O leitor encontra neste livro uma exposição clara e bem estruturada de alguns dos inúmeros tópicos que compõem o vasto universo da instrumentação industrial. Analisa o princípio funcional de alguns instrumentos voltados para medição das variáveis, temperatura, pressão, força e nível, mostrando sua aplicação, vantagens e desvantagens, além de uma rápida explicação sobre conversores A/D e D/A e seu uso como interface de comunicação para análise computacional de algumas dessas variáveis.

A forma objetiva e didática com que os tópicos são abordados permite que a obra seja utilizada por acadêmicos dos cursos de engenharia, estudantes de nível técnico e professores de escolas técnicas e universidades (como material didático).

Na sétima edição revisada, foi inserido um novo tópico no capítulo 7 que trata da medição de nível por pá rotativa, equipamento destinado ao controle de detecção de nível de granulados, minérios etc. Assim, com algumas alterações de textos e figuras, esta edição é apresentada ao público com melhorias em diversos tópicos a fim de que, de forma mais eficaz, possa contemplar com maior propriedade suas aplicações nos meios acadêmicos e industriais.

Metrologia na Indústria - Edição Revisada e Atualizada

Autor: Francisco Adval de Lira

Código: 783X • 248 páginas • Formato: 17 x 24 cm • ISBN: 978-85-7194-783-2 • EAN: 9788571947832

Apresenta tópicos fundamentais sobre metrologia, aplicáveis não só à indústria, mas também aos setores comerciais, acadêmicos, laboratórios e serviços.

Desenvolve uma rotina que mostra uma calibração desde a elaboração de um procedimento de medição até a emissão de um certificado.

Aborda confirmação metrológica, incerteza de medição, unidades SI e sua importância, tabelas de conversão, padrões e técnicas de medidas com exemplos simples que podem ser adaptados às medições rotineiras de qualquer área.

Algumas dicas importantes são fornecidas, tais como critério de Chauvenet, teste de Dixon, ajuste da periodicidade da calibração pelo método de Schumacher, como analisar e validar um certificado de calibração, como migrar do documento em papel para o eletrônico. A partir da sétima edição houve atualização dos termos e de alguns conceitos para acompanhar a terceira edição do vocabulário internacional de metrologia.

Desenho Técnico para Mecânica - Conceitos, Leitura e Interpretação

Autora: Michele David da Cruz

Código: 3202 • 160 páginas • Formato: 20,5 x 27,5 cm • ISBN: 978-85-365-0320-2 • EAN: 9788536503202

Os conceitos necessários para elaborar, ler e interpretar desenhos técnicos da área de mecânica compõem este livro. São abordados os principais instrumentos utilizados, definição CAD, normas técnicas ABNT, formatação e dobramento de folhas, legendas e tabelas de modificações, escrita técnica, significado de cada tipo de linha utilizado, construções e desenhos geométricos, matemática aplicada, projeção ortogonal, perspectivas, cortes, hachuras, cotagem, escalas, rugosidade, simbologias e tolerâncias. Direcionado a estudantes, desenhistas, projetistas e demais profissionais da área.

Elementos Finitos - A Base da Tecnologia CAE - Análise Dinâmica

Autor: Avelino Alves Filho, prof. Dr.

Código: 0506 • 304 páginas • Formato: 20,5 x 27,5 cm • ISBN: 978-85-365-0050-8 • EAN: 9788536500508

Com uma visão equilibrada entre os fenômenos físicos e os recursos da matemática aplicada, aliando o rigor científico exigido a uma linguagem clara e precisa, este livro aborda os conceitos de cargas dinâmicas, graus de liberdade dinâmicos, vibrações livres e forçadas, análise modal - cálculo dos modos de vibrar e frequências naturais de uma estrutura, hipótese da massa concentrada (lumped mass) e da massa consistente, respostas dinâmicas à carga senoidal, carga periódica, carga de impacto e ao carregamento dinâmico geral, introdução aos métodos de integração direta e métodos iterativos do cálculo de autovetores e autovalores. Traz também alguns modelos de casos práticos, em cores, para o leitor visualizar nas aplicações representadas o uso da teoria.

Elementos Finitos - A Base da Tecnologia CAE - Análise não Linear

Autor: Avelino Alves Filho, prof. Dr.

Código: 3950 • 320 páginas • Formato: 20,5 x 27,5 cm • ISBN: 978-85-365-0395-0 • EAN: 9788536503950

Como proposta didática, o livro revisa pontos fundamentais da formulação matemática do problema não linear, descreve conceitos de tensores e as relações essenciais dos tensores de tensão e deformação. Aborda conceitos físicos em não linearidades e as questões matemáticas pertinentes.

Explora os processos incrementais e iterativos e os algoritmos de integração no tempo. Abrange técnicas matriciais e uma visão palpável das não linearidades, sem as quais o entendimento do método dos elementos finitos em análise não linear ficaria comprometido. Vários exercícios de aplicação complementam o estudo, alguns com controle manual, outros com aplicação suportada pela ferramenta computacional.

Traz uma visão equilibrada entre o conhecimento teórico necessário e a aplicação prática, sendo o ponto de partida para estudantes e engenheiros que pretendem se desenvolver na área não linear, a fim de obter bons resultados no dia a dia.

Instrumentação e Metrologia, Mecânica e Construção Civil

Mecânica Técnica e Resistência dos Materiais

Autor: Sarkis Melconian
Código: 6663 • 376 páginas • **Formato:** 20,5 x 27,5 cm • **ISBN:** 978-85-7194-666-8 • **EAN:** 9788571946668

Transmite, com clareza e eficácia, conhecimentos de mecânica técnica e resistência dos materiais. Indicada para estudantes e profissionais da área técnica que atuam nas diferentes modalidades da engenharia (mecânica, mecatrônica, civil, hidráulica, naval, eletrotécnica, eletroeletrônica, aeronáutica, automação). O conteúdo foi totalmente desenvolvido no SI (Sistema Internacional). Os principais tópicos abordados são sistemas de unidades, vínculos estruturais, equilíbrio de força, tração, compressão, treliças planas, cisalhamento, flexão, torção e flambagem. Possui exemplos e exercícios práticos.

CNC - Programação de Comandos Numéricos Computadorizados - Torneamento

Autor: Sidnei Domingues da Silva
Código: 8941 • 312 páginas • **Formato:** 17 x 24 cm • **ISBN:** 978-85-7194-894-5 • **EAN:** 9788571948945

Com a finalidade de atender às necessidades do mercado, surgiu a ideia de criar uma obra de nível técnico com linguagem simples e prática.
Esta obra destaca os sistemas de programação de alguns comandos CNC mais utilizados no mercado, visando contribuir com o aumento da mão de obra especializada em torneamento. Os principais tópicos são coordenadas cartesianas e sistema de coordenadas, introdução à programação, funções preparatórias e auxiliares, trigonometria aplicada, sistema de medidas, compensação de raio de corte, informações tecnológicas, estrutura e fluxogramas de programação, ciclos fixos, exemplos de programação e ferramentas.

Mestre de Obras - Gestão Básica para Construção Civil

Autores: Julio Salgado (organizador), Adriano Aurelio Ribeiro Barbosa, José Américo Alves Salvador Filho, Roberto Costa Moraes e Tânia Cristina Lemes Soares Pontes
Código: 3387 • 192 páginas • **Formato:** 17 x 24 cm • **ISBN:** 978-85-365-0338-7 • **EAN:** 9788536503387

Objetivo e didático, este livro aborda assuntos essenciais nas atividades diárias do Mestre de Obras. Traz informações técnicas e administrativas, condutas comportamentais, organização de pessoas e itens envolvidos em um canteiro de obras, seus intervenientes, orçamentos, cronogramas, equipamentos de proteção, segurança no trabalho e gerenciamento de resíduos.
Esclarece a administração de uma empresa, de pessoal e de material, organograma empresarial, legislação básica, contratações, liderança e comportamento.
Ideal para mestres de obras, técnicos e engenheiros que trabalham na construção civil.

Instalação Hidráulica Residencial - A Prática do Dia a Dia

Autor: Julio Salgado
Código: 2830 • 176 páginas • **Formato:** 17 x 24 cm • **ISBN:** 978-85-365-0283-0 • **EAN:** 9788536502830

Os profissionais da área, bem como os leigos, encontram neste livro conteúdo prático para acompanhar, monitorar e mesmo executar as instalações hidráulicas básicas de uma edificação, além de exercícios para fixação do aprendizado.
Comenta as instalações hidráulicas residenciais do dia a dia de forma didática, sem se valer de dimensionamentos e de conhecimento específico para o projeto. Mostra as principais formas de execução das instalações de água e esgoto, considerando os diferentes materiais e tipos de conexões. Fornece a base para uma interpretação de projetos, as novas tecnologias utilizadas pelas empresas da área e orientações para o uso racional da água.

Técnicas e Práticas Construtivas para Edificação - Edição Revisada

Autor: Julio Salgado
Código: 2182 • 320 páginas • **Formato:** 17 x 24 cm • **ISBN:** 978-85-365-0218-2 • **EAN:** 9788536502182

Descreve as principais técnicas para edificações, desde a concepção da obra por parte do cliente até a sua entrega. Trata das fases de implantação, movimento de terra, medidas de segurança, drenagem, fundação, armaduras, formas para concreto e sua preparação.
Aborda alvenarias, coberturas, impermeabilização, pisos e assentamento, pavimentação, esquadrias, instalações elétricas e hidráulicas com normas e cuidados, revestimentos, sistema de pintura, verificações finais e limpeza para entrega da obra. A segunda edição, revisada e ampliada, traz alguns complementos de instalações hidráulicas, tipos de fios e emendas e tabelas básicas de composição de argamassas e concretos.
Conteúdo indispensável para estudantes, técnicos e profissionais da área.

Instrumentação e Metrologia, Mecânica e Construção Civil